日日木食器

31位木作职人和300件手感小物的好时光

[日]西川荣明 编著
高梦昕 译

U0403489

河南科学技术出版社
·郑州·

前 言

在书中，你会看到来自日本的木作职人创作的好用而美丽的碟、盘、碗、钵、杯、花器等作品。翻上几页，你就能体会到作者满怀诚意撰写的这本书的几个特点。

1　收录木作职人创作的充满个性的实木作品

书中收录的均是制作者的原创作品。他们会亲自使用自己的作品以试验是否好用，同时也主动听取家人和客户的意见，因而作品均拥有很高的完成度。这些充满个性的作品均用实木由手工制成，不是那种厂家大批量生产的产品。读者可以看到制作者的模样，清楚地知道作品的出处。

如果对某件作品感兴趣，书中还收录了作品相关木作职人的信息和出售这些作品的工坊或店铺的信息，可以进行咨询，或者到店里去看看、摸摸作品实物。

2　可以了解制作者创作的思考过程

并不是仅仅单纯地介绍作品本身，而是将制作者的思考过程也一一呈现出来，比如设计上的考虑，创作时采用的方式、方法，以及为什么要创作这样的作品等。这样读者对作品产生的背景也会有所了解。

3　都是可以实际使用的器具

从“实际使用”的观点出发，书中展示了很多器具被使用时的场景。这些场景是在制作者及其家人的协助下布置并且拍摄出来的，比如正在用餐的场景。有的制作者还借此机会展现了一下自己在料理制作方面的特长。

4　读者也可以跟着动手制作

为了满足一部分读者想自己动手制作的愿望，书中专门设置了“动手做做看”的板块。专业的制作者们为了让初学者也可以制作成功，做了耐心的传授和指导。这部分共收录了10种类型的作品。对非专业人士可能会感觉困难的部分，比如涂漆的方法等也专门进行了介绍。

对于使用刃具还不太熟练的读者，在制作中请一定要保持细心、谨慎。

接下来，就在阅读中感受木器的独特魅力吧。

目录

Rikuto
Rikuto

1

碟子

杉村彻的平碟和圆碟。

咖喱爱好者的作品，让人可以把米饭吃得干干净净

前田充的咖喱饭餐碟

Maeda Mitsuru

咖喱饭餐碟（樱桃木）、餐勺（黑胡桃木）、大碗（日本山樱）和花插（黑胡桃木）。

前田充（まえだ みつる）

1969 年出生于东京都。曾供职于家具制作公司“WOOD YOU LIKE”，从事家具设计及制作的工作，后辞职成为独立木作职人。2008 年工坊“木的道具 ki-to-te”开始运作。在住所设立了直销店铺，售卖自己做的容器、餐具等（周末不定期开放）。

“可以吃得一粒米都不剩。”“可以不慌不忙轻松地盛取米饭。”“可以举止优雅地吃咖喱，真的好开心。”

这样的来自客户的心声，前田充通过 e-mail 和书信收到过很多。听说还有人把盛好咖喱饭的样子拍成照片寄过来。

“与其他商品相比，从购买了咖喱饭餐碟和餐勺的客户那里得到使用感受反馈的比例是非常高的。”

虽然人们没有公开地谈论过，也不太会成为话题，但是如何把咖喱饭的最后几粒米举止优雅地吃干净，对于一部分人来说是个大问题。

为什么可以把米饭盛取干净呢？诀窍就是餐碟内侧的边缘弧度与餐勺的完美匹配。

“因为非常喜欢吃咖喱饭，所以想做一个自己吃咖喱饭时用的碟子。那么，就要考虑做成什么样的碟子比较好。我个人侧重的点是，容易盛取米饭。平碟的话，随着米饭的减少变得很难盛取。于是将餐碟内侧设计成边缘稍微立起一些且有一定的弧度，从而容易盛取的形状。基本上没怎么费脑筋，一下子就做出来了。”

盛放着沙拉的大碗。

咖喱饭餐碟。材质为樱桃木（左）和黑胡桃木。表面擦油。直径 21cm，高 3.5cm。餐勺的材质为樱桃木，表面擦油，长 17cm。

外侧以直线形线条为特征。也有顾客因为喜欢内侧的边缘弧度而决定购买。

咖喱饭餐碟内侧的边缘弧度与餐勺完美匹配。

片口碗（一种带嘴钵）。表面擦油。直径 6.5cm，高 3.7cm。材质为樱桃木和黑胡桃木。

小碗。材质为樱桃木。表面擦油。直径 9cm，高 4.8cm。

盛放着牛奶的片口碗。材质为樱桃木。也可以盛放沙拉酱和调味汁。

面包碟。材质为胡桃木。表面擦油。直径 24cm。黄油刀的材质为黑胡桃木。

正在吃咖喱饭的前田夫妇。

杯垫（直径 9cm）的背面刻有“ki-to-te”的品牌标识。

前田先生。

餐勺则是配合餐碟内侧的边缘弧度成套地制作出来的。之后，大约有 1 年的时间在家里使用，因为自己也非常满意，所以就作为商品开始销售了。

负责销售的妻子由美女士说：“曾经有被问到是否可以用在吃咖喱饭之外的场合。当然，用来盛放其他料理也是可以的。在家时，我曾用来盛放意大利通心粉、炒饭，偶尔也会用来放鸡肉盖饭。”这是一款通用性很强的器具。

前田先生的木工作品的特点是“易于使用”。制作日常生活中使用的器物时，基本的出发点就是“可用性”和“易用性”，但是在前田先生的作品里，这种观念被贯彻得更加彻底。像咖喱饭餐碟，自己就先持续使用了约 1 年的时间。如果觉得不适合在日常生活中使用，就不会作为商品售卖。

“易于使用，造型简朴，美观大方又惹人喜爱，但是，如果首先自己不欣赏的话……因此而未被采用的作品其实很多，就留在家里自己使用了。不过，其实它们还都挺惹人喜欢的。”

前田先生在成立工坊之前，从事的是家具设计及制作的工作。辞职后，发现小物件也是很有意思的，于是开始制作碟子和餐勺之类的作品。在最有人气的作品中有一款木制咖啡匙，这个作品是因为前田夫妇喜欢喝咖啡而诞生的。依据自己的喜好设计使用的器具，做成自己认为合理的形状。正是因为喜爱，所以对于设计也就比别人思考得更多吧。

正方形碟。深颜色的材质为黑胡桃木，其他的材质为栎木。右边的 3 个，边长 20cm，高 2cm。左边的 2 个，边长 15cm，高 1.3cm。

富井贵志（とみいたかし）

1976 年出生于新潟县。从筑波大学大学院（数理物质科学研究科）辍学后，进入“森林木工塾”（岐阜县高山市）学习木工。2004 年进入 Oak Village 工作。2008 年成为独立木作职人。定居在滋贺县甲贺市信乐町，在京都府南山城村开设了木工工坊。2012 年获得了第 86 届日本国展工艺部新人奖。

放在桌上的美景

富井贵志的方碟、轮边碟、袖珍碟

Tomii Takashi

边长 20cm 的正方形碟，高 2cm，虽然尺寸并不是很大，但是触摸时会有比外表看起来更厚重的手感。栎木的纹理和雕凿的痕迹交错在一起，也显得非常和谐。这个充满了存在感的正方形碟，表面擦了用紫苏籽油和蜂蜡混合而成的木蜡油，传递出一种宁静和谐的感觉。

仿效花瓣的形状制作出的袖珍碟表面涂刷色漆，黑色、红色、白色、浓茶色等绚丽多彩的配色，盛放上日式干果子后非常相称。因为直径只有 6cm，所以好像也有人当作筷枕使用。

袖珍碟。直径 6cm。

轮边碟。表面涂白漆。直径 27cm。

长方形碟。材质为栎木。大号的尺寸是 35cm × 10cm × 1.8cm。小号的尺寸是 20cm × 10cm × 1.8cm。

樱桃木的碗。直径30cm，高7.5cm，内侧深 5.5cm。“虽然是没有任何独特之处的普通的木碗，但还是很喜欢。”富井先生这样说道。边缘的处理很有特点。

杯垫。边长 9cm。材质为栎木和黑胡桃木。

其他的还有最近配套推出的灰汁（译者注：指将草木灰用水浸泡而得到的一种碱性的水）表面处理系列。“灰汁表面处理可以把木材的表情和质感直接传递出来，有着提升木材美感的效果。”富井先生介绍道。在第 86 届日本国展上获得工艺部新人奖的灰糠栗长圆盆，其表面处理采用了涂抹灰汁后用米糠进行研磨的方式。

就是这样，富井先生根据作品的不同采用不同的表面处理方式。但是这些作品的共通之处是，作品要能表现出制作者的思考和品味。

“对于自己想使用的东西，比如碟子、碗等，会非常细心地制作。当然，完成后也会去实际使用。在外形上会下一番功夫，这样当把食物盛放到碟子里时，才会显得非常美味。放到桌上站在远处看，也会觉得这是很美的风景呢。拿在手里时，会忍不住反复摩挲，手感非常好。”

确实，之前介绍的栎木正方形碟，仅仅是拿着都会让人觉得爱不释手。这样的碟子在平日里使用，也会让平淡的生活变得丰富多彩起来吧。

富井先生。每个月都奔波于日本各地的展馆举办个人展览。百忙之中还参加了面向公众的日本国展，最终入选获奖。这种勤勉的行事风格让同行也赞许有加。

长女千寻，平时使用的就是父亲制作的器皿。

去除厚重感后诞生的作品

杉村彻的平碟、圆碟、袖珍碟

Sugimura Tooru

杉村彻（すぎむらとおる）

1956 年出生于兵库县。从家庭杂货制造公司辞职后，进入松本技术专门学校学习木工。在穗高武居工作舍（松本民艺家具的合作公司）等从事家具制作的工作。1992 年成为独立木作职人，在爱知县常滑市开设了木工工坊。2010 年工坊迁至茨城县。

“不想做成厚重的感觉。能去除的部分尽量去除。最终成品呈现的紧迫感让我觉得非常好。”

杉村先生不仅制作器皿，坐起来感觉舒适的凳子也是公认做得很好的。不论是器皿还是凳子，创作时的共同诉求点就是，如何创造出线条的美感和卓越的平衡感。

乍一看像是正方形的袖珍碟，实际上边长有着微小的差异。表面刻意保留的雕凿痕迹、边缘线条的微小弧度，以及底面的平坦度，这些都使得杉村先生的作品充分地呈现出一种玄妙的平衡感。

黑胡桃木圆碟。

圆碟。最上面的碟子材质为黑胡桃木，直径 27.5cm。其他碟子材质为胡桃木。

平碟。最上面的碟子材质为黑胡桃木。其他碟子材质为胡桃木和樱木。

盛放沙拉的圆碟，材质为樱木。

“做得稍微长方一些，比正方形拥有更好的平衡感。圆碟也不做成正圆，让圆形更自由地表现出来。”

杉村先生年轻时，在松本民艺家具的合作公司参与制作桌子和储物箱等家具。但是现在的作品风格，与那时有着明显的不同。离开了厚重家具的制作，转而创作一些轻薄而拥有很高原创性的凳子和器皿。

“制作器皿，比制作家具的自由度要高很多。制作的时候会很开心。不过，因为做的是要实际使用的器皿，所以虽然想着要自由发挥，但是在有的地方还是会下意识地给自己一些限制。今后，想做一些更加扭曲变形、更加自由的作品。”

虽然说是“扭曲”，不过因为是杉村先生，所以也不会是太过极端的形状吧，应该会看到取得了完美平衡的“扭曲”的作品。

长方形碟，40cm × 9cm × 2.5cm（长 × 宽 × 高）。

袖珍碟和方碟。上面的袖珍碟为 10cm × 10.5cm。下面的方碟为 24cm × 24.5cm。材质为胡桃木、黑胡桃木、栗木、日本山樱、朱里樱（*Prunus ssiori*）等。

在保留有仓库痕迹的大型工坊里，杉村先生正在雕刻胡桃木。

木色的搭配、舒缓的线条与角度的完美结合

山极博史的三角形碟

Yamagiwa Hirofumi

山极博史（やまぎわひろふみ）

1970 年出生于大阪府。于宝塚造型艺术大学毕业后，在 Karimoku 株式会社担任商品开发的工作。从该公司辞职后，进入松本技术专门学校学习木工。独立后创立个人品牌“utatane”，现在在大阪市中央区建有展示厅和办公室。

在左右非对称的造型中，结合了让观感得以拓展的三只支脚，从而组合出美丽的形态。材质为黑胡桃木。最大宽度为 41cm，高 11cm。

“做设计的时候是幸福的。”山极先生如此说道。大学的时候学习设计，后来参与了家具厂商的商品开发，又在技术专门学校学习了木工。

“三角形那出人意料的便利性使它变得很有意思，便于进行各种各样的组合，互相交错摆放也可以更有效地利用空间。而三角形的碟子，比起圆碟和方碟，摆放在餐桌上时能产生更多的变化。”

山极先生的个人品牌“utatane”，产品多为椅子和板材家具，现在又开始着手创作碟子等器皿的新系列“木碟sankaku”（三角形碟）。本来就钟爱三角形，现在他也将其用在凳子面等的设计中了。

“其实并不是正三角形，尝试了稍微有一些变化的细长形状。在餐桌上摆放时，根据食物和人数确定三个顶点如何摆放，也是件很有乐趣的事情。”

这种类似于三脚桌的微缩造型的器皿，是想作为水果盘来使用而被制作出来的。放上水果后摆放在大桌子的中央位置，可以使整个餐桌有一种汇聚感。

黑胡桃木和美国赤杨组合材质的双色碟、用吉野桧磨制出的碟子等这些桌子上摆放的器具，充分表现出了既是设计者也是制作者的山极先生的艺术品味。不只可以用来盛放食物，这些外形别致的作品作为家居装饰小物，也是颇有意趣的。

前面的碟子材质为吉野桧，山极先生认为使用桧木能带来高档品质感，最大宽度为 18.5cm。后面的碟子材质为栎木，最大宽度为 30cm。

深色调的黑胡桃木和红色系的美国赤杨组合在一起制成的碟子。前面的碟子最大宽度为 30cm。

盛放着料理的以白漆为底漆的椭圆形大餐碟。

盛放上料理后，碟子传达的表情瞬间改变

酒井敦的椭圆形大餐碟

Sakai Atsushi

酒井敦（さかいあつし）

1969 年出生于爱知县。曾供职于公司，1994 年开始小型木工制品的创作。1995 年开始制作餐匙，商号定为“匙屋”。1999 年在东京都国立市建立了木工工坊，2013 年迁至冈山县濑户内市。

平日里制作餐匙的酒井先生，用银杏木制作了大餐碟。

“想随心所欲地玩雕刻。碟子也是一直想做的。想做一个大号的碟子。形状不要正圆形……因为正圆形需要用到旋床，所以就选择用手工才能制作出的椭圆形吧。”

酒井先生考虑选材时倾向于厚实却不会很重，同时易于雕刻的木材，而且最好是可以结出果实的树种。因为“可以结出果实的树种，能够使人联想到食物的美味”。从胡桃木、黑胡桃木等多种候选木材中选择了银杏木。从秩父（埼玉县西部）的木材店买来板材，用锤子敲击圆凿进行雕凿，用手推按扁圆凿进行铲削，两个有点男性化的大餐碟就这样诞生了。

表面处理全都采用涂漆的方式，一个以白漆为底漆，另一个则使用松烟和柿漆的混合物作为底漆。不管是哪种涂漆方式，比起日式味道，作品的风格都更偏向于欧式感觉。“这件作品的色调，使它看起来更像欧洲那种使用了很久的古旧器具”，听到这样的话，多少能够理解一些了吧。

在以白漆为底漆的大餐碟中随意盛上蔬菜和烤得有点焦黄的鸡翅。在另一个碟子中盛上意大利通心粉。一瞬间，碟子所传达的表情改变了。

果然，碟子是为了盛放食物而存在的。碟子衬托出了食物的美味诱人，或者食物彰显出了碟子的本来功用，感觉无论哪种说法都很贴切，这就是酒井先生的椭圆形大餐碟。

以白漆为底漆的椭圆形大餐碟。材质为银杏木。57.5cm × 27.5cm。

以松烟和柿漆的混合物为底漆的椭圆形大餐碟。材质为银杏木。44.5cm × 26cm。

酒井先生和妻子佳代（左）用大餐碟享用晚餐。

盛放着意大利通心粉的椭圆形大餐碟。

酒井先生。

黑色袖珍碟。材质为银杏木。表面涂漆。圆形，直径12.5cm。椭圆形，9.5cm × 6.2cm。

胡桃木托盘。表面擦油。带边框的，25.5cm × 18cm。不带边框的，26.5cmx19cm。

不显突兀的细小的刨削纹理
诠释着存在感的含义

芦田贞晴的棱纹方碟和面包碟

Ashida sadaharu

棱纹方碟。材质为樱木。表面涂漆。

芦田贞晴（あしだ さだはる）

1959 年出生于冈山县。毕业于冈山大学文学部文学科。从冈山大学大学院中途退学后，进入职业培训学校学习木工。1987~1996 年师从于木作职人谷进一郎。2001 年在长野县武石村（现上田市）开设工坊。妻子樱井三雪是木雕师，两人举办过二人联展。

芦田先生用“简约”这个词来形容自己的作品风格。

“不会想着去做特别个性鲜明的作品。可能平时会忘记了它的存在，但是偶尔看到还是会觉得很好。不会有‘过’的感觉，不会因为体积过大而显得碍事，尽量做出‘简约’的作品。这些都是最基本的原则。”

不过，看了芦田先生制作的碟子和餐具，却很容易发现看着简约的作品，有一些却明显花费了颇多的精力。

比如“棱纹”系列的器皿。棱纹处理通常用于陶器制作中，即在平坦的表面做出纹理的技法。

“在烧制的器物中经常见到。看到著名的木工艺家制作的箱子上也有这样的纹路，当时就觉得真漂亮啊！”

使用小的凸圆刨进行多次的刨削，在樱木的表面做出细小的沟槽。即使有很多条这种刨削的痕迹，也不会让人觉得繁杂。虽然确实是简约的风格，但却散发着存在感。面包碟则在实用性方面效果突出，由于托板易于吸收湿气，所以可以保持面包的美味。

樱木材质的面包碟和黄油刀。面包碟尺寸为19cm×19cm，表面涂核桃油。黄油刀表面涂蜂蜡。

胴张碟（中号）。材质为樱桃木。表面擦油。19cm×19cm。边缘线条的微小弧度营造出柔和的氛围。

长碟。左起材质为黑胡桃木、犬槐、枫木、桑木、枫木。表面擦油。左起第二个碟子上放的是蜂蜜匙。芦田先生自己饲养蜜蜂来采集蜂蜜。

印第安玫瑰木制成的切点心用的小刀。

胴张碟（小号）。材质为樱桃木。14cm×14cm。

枫木板碟。表面涂漆。29.5cm×24cm。从制作吉他的公司得到的枫木板材堆叠在一起，产生了变形。于是有效地利用这种弯曲做成了这样的碟子。通过插入楔子的办法，使弯曲保持稳定的状态。筷子的材质为桦木，筷枕的材质为枫木。

“自己会使用自己的作品，觉得好用的才会变成商品售卖。”芦田先生说道。

“就是喜欢棱纹的协调性。”

确实，盛放有拌菜的涂漆方碟在隐约光线的映照下，纹理上凸起和凹陷的细微落差形成美丽的阴影。这可能就是芦田先生所说的“不会与环境有冲突感，而是营造出仿佛和空气都融为一体的感觉”吧。

在工坊中工作的芦田先生。

各种类型的碟子

臼田健二的叶形器皿

看着很厚实，有重量感。材质为枫木和黑胡桃木。大的尺寸是 35cm × 24cm × 7cm（长 × 最大宽度 × 厚）。上图中颜色较浅的那两个盘面平坦，可作为托盘使用。

酒井敦的黑色袖珍碟

材质为银杏木。表面涂漆。圆形，直径 12.5cm。椭圆形，9.5cm × 6.2cm。

小沼智靖的平碟

使用从建材用日本柳杉上切下来的余料制作。表面涂漆。16.5cm × 16.5cm。

片冈祥光的梅干碟

盛放梅干和腌渍食物的小碟。表面擦油。材质为桦木、刺楸、水曲柳、铁木、秋田杉等。图中最下方的碟子，6cm × 9cm。

佐藤诚的大餐碟

材质为鱼鳞云杉。直径 27cm。

袖珍碟

示范 山极博史

以“utatane”家具为代表作品的设计师兼木作职人山极先生（见p.18），在有机食材餐馆“over garden”（兵库县西宫市）开办了袖珍碟制作的讲习班。

参加讲习班的所有人，都是第一次挑战袖珍碟的制作。虽然有的人说“上一次使用雕刻刀，还是在小学时的手工课上”，但是每个人在雕刻木头时都特别专注，甚至忘记了时间。一个个适合用来盛放日式点心或小物件的漂亮的袖珍碟就这样诞生了。

材料

美国赤杨（这次使用的木料尺寸为 11cm × 11cm × 2cm。手边若有大小相近的木料即可使用。对于初学者来说，更容易加工的胡桃木也是不错的选择）

工具

手锯
玄能（或其他金属锤）
小刀
斜刃小尖刀
雕刻刀（圆刀）
铅笔
橡皮
木工夹
布片
核桃仁
工作台（垫台）
木块（木片）
砂纸（#120、#180、#240、#320）

※ 所列工具未必在图中全部展示。全书同。

制作方法

1 根据个人喜好选择纹理和颜色合适的木料。

2 在选好的木料上，用铅笔描出想要的碟子外廓线。

3 用手锯把木料的边角切除。将木料用木工夹固定。锯切开始时，让锯刃与木料表面相贴合，以近似于平行的状态进行锯切，锯出一定深度的锯路后，逐渐倾斜手锯，让锯刃与木料表面近成直角进行锯切，就像梳理头发时的动作感觉。

4 随时调整木工夹，变换锯切的位置。

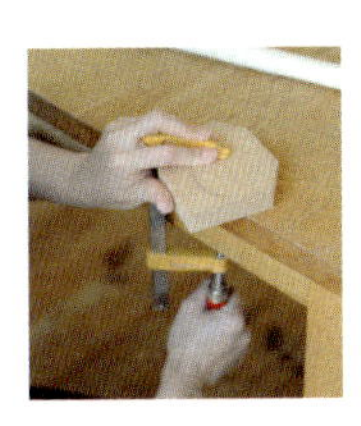

5 在碟子底部会成为最深点的位置做一个标记。

7 一边想象着雕刻好的样子，一边进行雕刻。雕刻刀的握持要领，与铅笔和筷子是一样的。

6 首先，用雕刻刀雕刻标记周边的部分。之后从各个方向朝着之前标记的最深点的位置进行雕刻。一定要把木料按压在工作台上进行操作。

8 雕刻到一定的深度（几毫米即可）以后，用 #120 的粗砂纸卷住木块，打磨雕刻的痕迹。

9 材料的上侧边缘部分和底部的周边，用小刀或斜刃小尖刀一点一点地进行切削。切削过程中不时观察一下整体造型是否协调。

10 造型基本完成后，用砂纸打磨。#120、#180、#240，按照从粗到细的顺序依次用砂纸打磨。不要总是集中在一个地方进行打磨，否则会造成打磨不均匀。其间不时用手触摸进行确认。最后用 #320 的砂纸整体打磨，木坯即制作完成。

11 开始涂装工序。用布片把核桃仁包住，用玄能凿碎。

12 把渗出来的核桃油，涂擦在木坯的表面。

制作要点

先大胆地做做看！
雕刻成约 3mm 的深度，就成了点心碟

一　一直想象着成品的样子，保持着这种状态进行切削。但是，注意不要过于关注细节，应不时观察一下整体造型是否协调。

二　向着中心最深点的标记处进行雕刻。雕刻时想象一下石臼的样子，但是不用雕刻得那样深。雕刻成约 3mm 的深度，就成了点心碟。

三　在锯切木料边角时，最初是从锯刃与木料表面相贴合的状态（与木料表面接近平行）开始锯切的。之后一点一点地抬高角度，保持沿着锯路锯切的感觉就可以顺畅地进行了。在锯切的位置提前划出一个浅凹槽，也是一个好方法。

四　绝对不要把按压的手（即没有握持雕刻刀的手）放在雕刻刀刃口的前方。雕刻刀的握持要领，与铅笔和筷子是一样的。

完成 讲习班的参加者制作的袖珍碟。其大小正好用来盛放巧克力或花生等。

讲习班参加者的感想

“曲面和圆形的制作比较辛苦。雕刻中的取舍判断也很费心思。木材比较软的部分好像切削得有点多。不过，大体上是按照自己想象中的样子制作出来了。准备用来盛放巧克力。”

“喜欢耳环，所以总是佩戴着。偶尔摘下时把这个作为放置耳环的托盘来使用。”

“雕刻时慢慢地精神就集中了。现在很有成就感。”

“表面还是有些坑坑洼洼，还是不够满意。回家后再稍微打磨一下看看。”

面包碟

示范 富井贵志

试着用凿子制作一个面包碟吧。分别使用敲击凿和手推凿，花费一些时间和耐心，即使是初学者也可以做出漂亮的面包碟。完成后在表面涂上食用核桃油，就成了一件可以日常使用的颇具味道的木工作品。

在木作职人富井先生（见 p.14）的指导下，来完成这件作品吧。

面包碟上的雕凿痕迹。

用日本山樱制作的面包碟。22cm×20cm×1.5cm。右侧是富井先生制作的黄油盒和黄油刀。

材料

日本山樱（28cm×23cm×1.5cm）

※ 这次虽然使用的是日本山樱，但是作为初学者推荐使用更易于加工的胡桃木。

工具

工作台（切削台）
木工夹
圆凿（敲击凿）
扁圆凿（手推凿，刃口呈较平缓的弧形）
橡胶锤
引回锯（通过抽拉实现锯切的锯）
圆规
铅笔
尺子
防滑垫
核桃油
布片

制作方法

1 将木料放置在工作台上，用铅笔画出碟子的轮廓线。图片中富井先生使用的是现成的模板(22cm×20cm 的椭圆形)，也可以用手随意画一个，或用圆规画一个正圆。

2 由面包碟的内侧开始雕凿。从木料的中心区域开始，用橡胶锤敲击圆凿。

3 并不是一直从一个方向雕凿，而是从各个方向朝着中心进行雕凿。需要注意的是，凿子立起的角度要小，不要过于竖直。

4 中心区域雕凿到一定程度后，开始雕凿铅笔画的轮廓线附近的区域。如果木料总是滑动，会造成雕凿困难，可在下面垫上防滑垫。

5 如果遇到逆纹无法顺利雕凿，暂时停止此处的凿削，让切削出的薄木片保持卷曲的状态留在原处。

6 调整木料的位置，沿着相反的顺纹的方向继续雕凿，将残留的切削出的薄木片削掉。

7 在面包碟轮廓线内的所有区域进行雕凿，雕凿出大概的形状。雕凿时基本上是以从外向内的方向朝着中心区域进行的，但若遇到逆纹雕凿困难，有时也会以从内向外的方向进行雕凿。

8 更换成扁圆凿。接下来要去除凿痕的凸起，用手按住扁圆凿，向着中心的方向进行铲削。左手(习惯用力的手之外的另一只手)一边压住扁圆凿，一边通过力的加减来控制铲削的力度和方向。

9 可以横向铲除凿痕的凸起，通过光线的变化利用影子，可以更清楚地看到凸起。

10 用尺子靠在木料上测量凿削的深度。到这个阶段，最深的地方大约深 9mm。

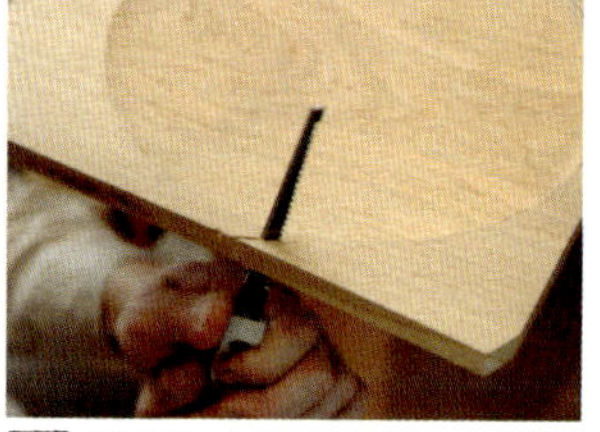

11 用木工夹固定木料，用引回锯沿着铅笔画的轮廓线切下面包碟。

12 测量木料背面(也就是面包碟的外侧)的中心点。用圆规画半径 7cm(直径 14cm)和半径 8cm(直径 16cm)的圆。

13 用木工夹固定住面包碟，用圆凿凿削面包碟的外侧。开始时可灵活变换凿子立起的角度。随着凿削的进行，凿子可逐渐立起来一些。凿削到面包碟边缘时，留出约 2mm 余量不进行凿削。

14 用圆凿沿着直径 16cm 的圆的画线进行凿削。

15 用扁圆凿将外侧凿痕的凸起铲除。

16 为了使底部形状和面包碟的椭圆形外形相称，将底部的平面部分的外轮廓也铲削成椭圆形。

17 用扁圆凿轻微地铲削底部。

18 用扁圆凿将面包碟的边缘进行倒角处理。

19 面包碟的木坯完成了。

完成 在面包碟木坯的表面涂抹核桃油，用布片涂抹均匀并擦拭掉多余的核桃油，完成。

制作要点

遇到逆纹时，不要强行雕凿

一　沿着顺纹的方向雕凿。感觉遇到逆纹时不要强行雕凿。让切削出的薄木片保持卷曲的状态，换相反方向进行雕凿。

二　橡胶锤最好选择重一点的。刚开始操作时如果感觉“有点沉啊”，则是比较适当的重量。因为敲击凿的雕凿是利用橡胶锤本身的重量来进行的。

三　使用扁圆凿时，需要用手推按扁圆凿进行操作，左手（习惯用力的手之外的另一只手）不仅要按住扁圆凿，同时也要产生向前推的力。

2

碗、盛器

乐享实木的质感和色彩

岩崎久子的带支脚的盛器

Iwasaki Hisako

带支脚的盛器（大）。支脚的材质为黑胡桃木。主体部分为胡桃木。

岩崎久子（いわさき ひさこ）

1954 年出生于和歌山县。从自由学园毕业后至 1979 年，供职于自由学园工艺研究所。20 世纪 80 年代中期起，其作品多次在朝日现代工艺展等公募展上入选及获奖，之后开始在各地举行作品个人展及参加团体展。2010 年工坊“夏安居”从大阪迁至长野县原村。

岩崎女士可算作女性木作职人的先行者。人们一致认为，她的作品是她在心底把木的质感和都市美感进行了充分的融合后而创作出来的。虽然她平时的工作重心是家具制作，但是这个特点在她工艺品类型的作品中也得到了充分的体现。

带支脚的盛器系列，充分体现了使用纯实木材料所产生的存在感。色调不同的黑胡桃木、胡桃木及柚木，通过榫接组合在一起，使人们对“岩崎女士是一位家具制作者”有了更深的认识。

“使用在家具制作中不会采用的有树节的材料来制作小物件。各种色调的木材组合起来，设计出富有质感且具观赏性的作品。即使是小巧的作品，也有着浓淡的色调变化。”

岩崎女士在和歌山度过了童年时代，因为喜欢绘画参加了绘画课的学习。中学毕业后，进入东京的自由学园高等科学习。自由学园的教学方针提倡不仅通过普通课程，而且通过实践活动来进行学习，所以她拥有很多时间学习自己感兴趣的美术和设计。

“周六一整天都是美术课。有充足的时间学习画画，老师们也都是一流的。”

带支脚的盛器（小）。

桌子中央的盛器是用一整块胡桃木切削出来的。长 69cm，高 8cm。左侧的托盘的材质为黄檗木。汤匙的材质为栗木。

带支脚的盛器。支脚的材质为黑胡桃木，主体部分为胡桃木。(大) 长 59cm，最大宽度 11cm，高 7.5cm。(小) 长 39cm，最大宽度 10.5cm。翻看巴厘岛旅游宣传手册时，从简朴的小木船中获得灵感制作而成。

左/单支脚盛器的接合处使用了榫接的工艺。右/单支脚盛器。（前）支脚的材质为柚木，主体部分为黑胡桃木。主体部分直径19cm。（后）支脚的材质为柚木，主体部分为胡桃木。主体部分直径15cm。

FIN 桌子。桌面使用了漂亮的水曲柳瘿木，同时保留了有耳状突出的外形，支脚则用黑胡桃木打造成简洁的造型。

凳子。座和前支脚的材质为栎木，后支脚为黑胡桃木。

在工坊中忙碌着的岩崎女士。

岩崎女士的家坐落在八岳山的树林之中。

入学没多久，校内举办了美术展览。高等科女子部的学长们以倒伏的光叶榉为素材，制作了在美术室摆放的桌子和凳子。凳子的凳面上盖着手织的布垫。当时的岩崎女士被这些木作彻底打动了，心中不由惊叹："好厉害，这也能自己做！"

"美术室处于一座被绿色围绕着的古老建筑中，对着的庭院中生长着很多蕨类植物。这样的环境和学长们亲手制作的家具完美地搭配在一起，效果真的令人惊叹。家具，原来是可以用来营造氛围的，我的内心产生了这样的感触。"

正是 15 岁那年的这一刻，让岩崎女士对木制家具一见钟情。

从最高学部（大学）毕业后，岩崎女士进入自由学园工艺研究所，作为研究生学习了设计、染色、织物、木工等各种造型艺术知识。这个研究所推崇德国著名的美术学校"Itten-Schule"的教育方法，20世纪30年代一些老师曾去那里留学并受到了"色彩的艺术"的熏陶。

"白色系的木料和黑色系的木料组合在一起，这种突出色彩的存在感的设计有很多。"在岩崎女士的作品里，都投射着研究生时期所获得的感悟。带支脚的盛器，正是这种感悟在造型上的表现吧。

"盛器要便于使用，从这个出发点开始构思，又因为是比较小的物件，所以希望让人觉得精巧可爱。也想稍微带一些修饰。"

岩崎女士喜欢制作料理，这些器皿盛放上她亲手制作的料理后，不再只是看起来精巧可爱，更让人感受到器皿对所盛之物的衬托和包容。

在传统工艺中展现新的设计理念

露木清高的寄木抹茶碗

Tsuyuki Kiyotaka

露木清高（つゆき きよたか）

1979年出生于神奈川县。在京都传统工艺专门学校学习4年，奠定了京指物（日本京都的一种传统木工艺）的基础。2002年进入露木木工所。2008年凭借作品“抹茶碗”获得了第5届日本木制工艺品设计比赛大奖。他也是寄木细工的年轻人团体“杂木助兴乐（雑木囃子）”的代表。

倒入了抹茶的抹茶碗。

命名为“圆”的圆盘，是第50届日本传统工艺展的获奖作品。“招待友人和家人时，生日或其他庆祝日时，在‘特殊的日子’使用的器皿。名字‘圆’喻指人与人之间的缘分。”

（左上）圆柱形杯子，直径8cm，高7cm。（右上）酒杯，直径7cm，高3.5cm。（下面两个）酒杯，直径和高都是6.7cm。

“圆”。（大）直径36cm。（中）直径26cm。（小）直径16cm。

红色、绿色、白色、黑色、茶色、黄色……多彩的条纹样式的碗、盘、杯等器物。这些色彩搭配并非依靠后期的着色，而是根据树种的不同活用不同色调的木材而完成。白色的是灯台树，比黑色稍微浅一点的是神代连香木（见p.154“神代”），褐色的是北美产的黑胡桃木。

“寄木细工在传统工艺中也算是对设计元素要求比较高的，拥有多种的可能性。”说这些话的露木先生，尝试把新的设计理念和传统的工艺技术完美地融合在一起，做出了获得大奖的作品“抹茶碗”。

喜欢茶道的露木先生让我们一边品茶，一边赏玩抹茶碗。把茶倒入碗中的瞬间，一部分木头的色泽变得更鲜明了。拿在手里比外表看起来要轻。嘴的触感也很柔和。“这个茶碗是为了给自己使用而制作的。其工艺是从父亲开发的一种叫作‘缟寄木’的技法中发展而来的。看，从外侧也能够感受到微妙的弧度。”

露木先生是在小田原从事寄木细工制作的露木木工所的第四代传人。露木木工所由他的曾祖父开创，现在由父亲清胜先生担任社长。

用自己做的抹茶碗喝茶的露木先生。

抹茶碗。深口，直径 15cm，高 9cm。浅口，直径 15cm，高 7cm。表面涂氨基甲酸酯涂料。各种木材的组合拼接，是请熟识的小田原的木旋师来操作完成的。

抹茶碗由各种不同特质的木材组合而成。从左侧开始依次为：南美产黑胡桃木，北美产黑胡桃木，灯台树，神代连香木，北美产黑胡桃木，神代连香木。

小田原到箱根一带，是木工十分盛行的地区。早在日本平安时代，在小田原的早川就有人从事车制木坯的工作。之后，开始发展出漆器、指物、木镶嵌、机关箱等工艺。在江户时代，开始兴起利用箱根周边的木材制作寄木细工作品，“箱根寄木细工”这种地方特有的工艺也开始被全日本所熟知。

在这种环境中成长起来的露木先生，高中毕业后即进入京都的传统工艺专门学校学习京指物。虽然父母并未明确表达过日后让他继承家业的想法，但是多少都抱有“为将来创作寄木细工作品而学习”的想法吧。结束了4年在京都的生活后，露木先生回到了小田原。

“小时候看到家人在工作，就觉得寄木细工作品真漂亮啊，做这个真的很不错呢。直到现在还从事着这份职业，也是因为寄木细工的确是能够把木材的魅力充分展现出来的美好工艺。”

现在，露木先生一边和其他技术人员一起努力制作木工所的常规商品，一边利用晚上和休息日创作自己的作品。作品“抹茶碗”和日本传统工艺展获奖的作品“圆”,都是在这时诞生的。回顾寄木细工的历史，正是职业手作人的努力让新的作品层出不穷。

“创造新的寄木细工作品时，我觉得首先要根植于生活，然后再追求更优秀的视觉设计，最终还能够继承传统，这样的作品才是最好的。”

创新设计和传统工艺的融合，露木先生的作品正是基于这种理念诞生的。他在与同辈朋友们创立的“杂木助兴乐”的团体中发挥着领导者的作用。从事寄木细工的年轻匠人们未来能够创作出怎样的作品，让我们拭目以待吧。

将木材组合拼接形成木块，再用刨子刨削,形成的薄片被称作“zuku”。“菱青海波”和“松皮菱”等日本传统纹样被广泛使用。

正在拼接木材的露木先生。使用纯实木制作寄木细工作品被称作“纯木制作”。抹茶碗就是“纯木制作”的。

“不同种类的木材，木质也会有所不同。特别是使用纯实木制作时，木质的差异、收缩率的差异等都是需要注意的。”露木先生这样说道。

卸下压力后的创作，把轻松感传递到手上

瀬户晋的“tall bowl（深碗）”系列

Seto Susumu

瀬户晋（せと すすむ）

1965 年出生于大阪府。北海道大学农学部大学院农学研究科硕士毕业。在北海道立旭川高等技术专门学院学习木工。先在种苗会社供职，1995 年以木作职人身份独立。在旭川市开设了自己的工坊。

"tall bowl"系列的底部做成了内凹的形状。

七目碗。材质为榆木。表面涂漆。直径 18cm，高 8cm。

正在使用自己做的食器进餐的濑户先生。"'tall bowl'系列是顺应于手的感觉而制作出来的。亲自看一看、摸一摸才能更好地感受它。"拍摄于"kitchen rairu"（北海道鹰栖町）。

濑户先生使用一种叫作"裁皮刀"的刃具来切削木材。

高约 8cm，内侧深近 7cm。正如它的名字"tall bowl"那样，即使没有基座也仍然比普通的木碗要稍高一些。因为有一定的深度，所以即使盛放多多的汤汁，也可以轻松胜任。底部做成了内凹的形状，用手拿时起到防滑的效果。"偶尔会遇到很厚的刺楸和连香木的木料，想着别浪费尽量利用。用车床车好外形后，就开始用刃具切削，最后表面涂漆就完成了。"

在大学农学部时研究茖葱的濑户先生，从孩提时代就因为喜欢动手制作而对木工产生了兴趣，从而在无意中开始向着木作职人的道路行进。上高中时，在京都大学北门旁的咖啡馆"进进堂"里，摆放着在日本有"人间国宝"之称的黑田辰秋先生亲手制作的一套栎木桌椅，他对其倾心不已。

"'这真是太棒了啊！'虽然当时坐在那里感叹的情景还记得清清楚楚，但是将来会走上木作职人这条道路，当时的自己却从未想到过。"濑户先生这样回忆着。但是，在心底深处，其实一直都有着对木工的兴趣吧。

在还未以木作职人的身份独立的那段日子里，他一边制作家具，一边着手制作传统工艺的木工器物。

"做着做着，开始有种透不过气的感觉。那时候看到其他手工艺家随意制作的作品，渐渐觉得做成这样其实也不错。"现在，已不再做过多过深的思考，不再强迫自己，不再过于较劲。

"因为是日常使用的东西，所以感觉放下心理包袱来做反而更好。"

不知是不是因为把这种轻松的心情传达给了客户，所以"基本上没做思考，一边触摸着木料，一边凭着感觉制作"的"tall bowl"，反而成了濑户先生的代表产品。

水波纹般的线条
与木材的厚重感完美融合

“京都炭山朝仓木工”的行星盛器

Asakura Tooru , Asakura Reina

朝仓亨（あさくら とおる）

1975 年出生于大阪府。京都教育大学教育学部特修美术科（工艺专业）毕业后，在同一所大学读研究生。2001 年进入家具制作公司“WOOD YOU LIKE”。2009 年成为独立木作职人，开办工坊“京都炭山朝仓木工”。

朝仓玲奈（あさくら れいな）

1977 年出生于长野县。毕业于京都市立艺术大学美术学部设计科。供职于设计施工公司后，在奈良县立高等技术专门学校学习木工。2004 年就职于横滨洋家具户山家具制作所。2009 年成为独立木作职人。

行星盛器。材质为桦木、黑胡桃木、樱桃木、日本七叶树等。因为使用的是边角料，所以尺寸十分多样，直径有 32cm、29cm、28cm、26cm 等多种。

朝仓先生用手托着桦木的行星盛器。行星盛器的外侧可以完美地配合托举的手。“虽然制作家具时会有紧张感，但是制作碗碟等器皿时就会比较放松。”朝仓先生说道。“如果对器皿有了更深的了解，就会陷入深深的迷恋之中。”朝仓女士说道。

正在自己搭建的宅邸的二层起居室吃晚饭的朝仓夫妻。

“京都炭山朝仓木工”是朝仓亨、朝仓玲奈夫妇开设的工坊，主要从事接受客户订单的定制家具的制作。

把木材加工成一定尺寸的桌面时，会产生一些切割下来的木料，也就是所谓的边角料，通称“下脚料”。不过其中会有桦木、黑胡桃木、樱桃木等质地很好的木材，朝仓夫妇并不会草率地把它们当作无用的边角料。他们把这些边角料用车床车制，制作成行星盛器。

“最初想象的是用陶土做成的器皿的样子。后来又想在外侧增加一些线条，觉得应该能起到防滑的作用。试着这样做了一下，结果那一圈圈水波纹般的线条呈现出很漂亮的效果。”说这话的朝仓先生，为了拍摄照片把盛器摆放成行星排列的样子。那时对盛器的印象就是如此，于是就这样命名了。

拿起来的话还是挺有重量感的。直径 26cm 的黑胡桃木的行星盛器大约重 500g。即使感觉到有一定重量，但是因为外侧有像水波纹般的阶梯式的落差，所以可以完美地与托举的手相配合。

“不追求木制器皿的轻薄，我觉得更有分量、更厚一些，应该也是挺好的吧。我也会有尽量做大一些的想法。大一些的话比较有视觉冲击力，吃饭时也更能让人打起精神吧。”

夫妻俩把做好的料理盛入行星盛器中，在桌子上摆放好，仅仅是看着就让人精神振奋。

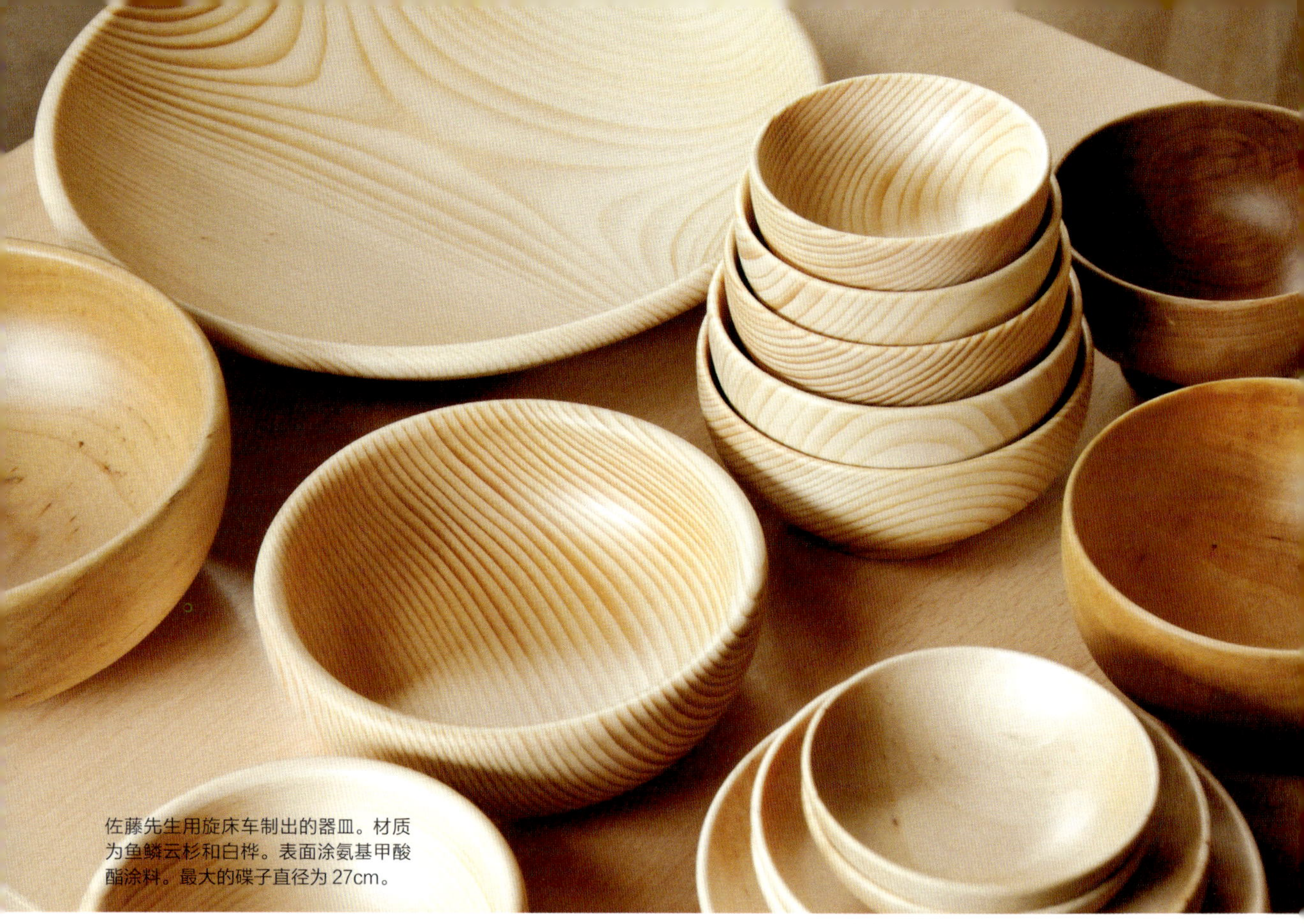

佐藤先生用旋床车制出的器皿。材质为鱼鳞云杉和白桦。表面涂氨基甲酸酯涂料。最大的碟子直径为 27cm。

佐藤诚（さとう まこと）

1971 年出生于北海道。高中毕业后，成为北海道置户町的“OKE CRAFT”木工技术研修生。研修期间，曾受到手工艺家时松辰夫先生等的指导。1993 年开始创作活动，2001 年设立了工坊“优木”。

用北海道产的鱼鳞云杉制作贯彻实用原则的简朴器物

佐藤诚的“OKE CRAFT”器皿

Satou Makoto

把浅色的鱼鳞云杉用旋床车制成木碗和木碟，不追求标新立异的风格，采用了贯彻实用原则的简朴设计。“不想偏离这种大家一眼就能认出的‘OKE CRAFT’设计风格。虽然‘OKE CRAFT’的定义比较模糊，但这正是鱼鳞云杉浅色的肌理所表现出来的东西。今后也会沿着这个路线继续创作下去。”

出生在北海道置户町的佐藤先生，从事“OKE CRAFT”木工制作已有20多年。

置户町位于绵延在北海道中部的大雪山系的东侧。这里八成以上的地方覆盖着森林，以前是作为林业城市发展起来的。作为20世纪80年代开始的置户地区城市活性化对策的第一环，活用当地森林资源进行木工制作的活动，在初期就得到了工业设计师秋冈芳夫和手工艺家时松辰夫的大力支持。这种木工制品被命名为“OKE CRAFT”，逐渐成为日本全国知名的地方特产。现在城市内住着20多名制作者，制作碗碟、汤勺、木铲、便当盒等。

身为其中的一员，佐藤先生也正如他自己所说，是实实在在地从事着“OKE CRAFT”作品的创作的。

“我觉得不应过分强调器皿的风格，也不要过于引人注目。主角是食物，器皿是用来配合食物的。无论是日式风格还是欧式风格，目标都是制作出没有不适感的、能够被实际使用的器物。”

在置户町的小学里，就餐的食器也是“OKE CRAFT”木工制品。佐藤先生的孩子们，从出生开始就在家里使用木制的器皿。

“孩子们觉得，用木制的食器吃饭是一件理所当然的事情。”

“OKE CRAFT”器皿，是完全根植于生活的。

品尝着用自制器皿盛放的料理的佐藤先生。摄于“inadaya面馆”（北海道置户町）。

正在工坊中用旋床进行车制的佐藤先生。

鱼鳞云杉制成的器皿。直径12cm，高5.5cm。

非等尺寸的套碗。秋冈芳夫先生设计，时松辰夫先生定型，佐藤先生制作。材质为鱼鳞云杉。最左侧的碗，直径12cm，高6cm。最右侧的碗，直径8.5cm，高4.5cm。

spit box（痰盒）。侧板材质为山毛榉，底板为椴木。表面擦油。直径 20cm，高 8cm。夏克教徒曾将 spit box 涂装成黄色或者橙色，里面放入锯末后作为痰盒使用。

日高英夫（ひだか ひでお）

1956 年出生于山口县。大学的专业是机械工程。在名古屋和松本的吉他制作公司工作一段时间后，进入松本技术专门学校木工科学习家具制作技术。1985 年开始独立创作。在长野县佐久市开设了工坊。

可以盛放各种物品的夏克式风格作品

日高英夫的 spit box

Hidaka Hideo

日高先生与夏克式（Shaker）家具的相遇，是在刚开始木工创作的时期。

“看了夏克式家具的照片集，我完全被迷住了。”

最初开始木工创作时，他的目标就是“做自己想使用的东西”。直到现在，这种想法依旧是日高先生所抱持的基本理念。

夏克教徒制作器具和家具时，秉承着“做给自己的日常用品，没有无用的装饰且易于使用”的理念。这和日高先生的想法非常吻合。日高先生以椭圆形箱盒为开端，开始制作夏克式风格作品。一边参考图片，一边不断地试错。

“虽然刚开始时比较困难，但是很有意思。年轻时曾从事过吉他的制作，所以对于使木材弯曲的方法多少知道一些。这样一边思考着，一边自己摸索制作的方法。”

椭圆形的盛器作品中，椭圆形提篮是日高先生的经典常备产品。日高先生仔细研究了照片中的提手，注意到其内侧做出了柔和的弧度，不仅从设计的角度看更加美观，而且提起时手感也更舒适。从这些细节之处，他感受到了夏克式的精髓。

圆形的 spit box，直译的意思是“痰盒”。虽然也有其他几位制作夏克式风格作品的木工家，但制作 spit box 的人却很少见。可能“痰盒”这名字太难吸引人，但其实若作为盛放物品的器物，还是非常实用的。

“今后还要继续制作更纯粹的器具。作为器具，‘易于使用’是最重要的。”

椅子、椭圆形的盛器、简朴的碟子、儿童用食器、汤勺、饭勺……无论日高先生的哪一件作品，都完美体现出夏克式理念所倡导的实用性和功能性至上的美感。

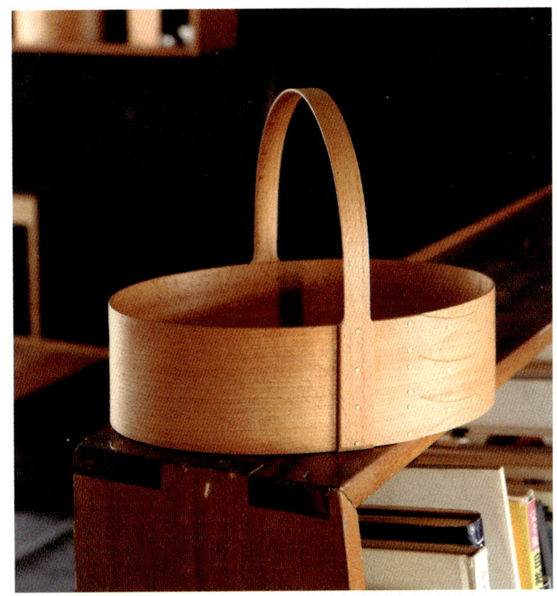

椭圆形提篮。27cm×20cm×8cm（盛器主体高），提手高 23cm。侧板和提手的材质为山毛榉，底板为椴木。大部分人都用它盛放缝纫工具。

椭圆形提篮的提手。内侧做出了柔和的弧度。线条纤细，给人以简洁的感觉。手感也很舒服。

正在工坊里制作椭圆形提篮提手的日高先生。

椭圆形碟子。材质为桦木。表面擦油。最大的尺寸为 30cm×22cm×3cm（高），最小的尺寸为 15cm×10.5cm×1.5cm（高）。

传统的编制工艺、素雅的配色、3 只支脚，这些要素让作品拥有独特的存在感

饭岛正章的龟甲竹编盛器

Lijima Masaaki

龟甲竹编盛器。直径 36cm，还有直径 30cm 的型号。特别定做的超小型号，常被用于荞麦面馆中。

饭岛正章（いいじま まさあき）

1960 年出生于东京都。毕业于武藏野美术学园油画科。在大分县别府职业培训学校竹工艺科学习竹工，在长野县上松技术专门学校木工科学习木工。1995 年在长野县上松町开设了竹工和木工的工坊“闲”。

饭岛先生巧手编制出的龟甲图案的盛器，虽然简单却充满了视觉冲击力，有一种无法用语言表达的风情。与民间工艺品相比，它拥有一种不一样的情趣，从而成为一种独特的存在，而秘诀就是编制方法、色调及 3 只支脚。

编制方法上，是将两根竹篾并在一起编制出龟甲图案。在竹工里，并在一起在日文中被称作“寄せる”。以两根竹篾为一组编出龟甲图案，是很传统的技法，虽然饭岛先生说“这并非极少见的东西”，但作为正宗的传统竹编法盛器，似乎真的可以给予使用者安心的感觉。

色调上，则以沉稳素雅为特点。仅凭竹子天然的颜色，是无法营造出这种感觉的。

“竹子在编制前要用植物染料进行染色。染料来源于产自印度的阿仙树的树液，将树液结成的块放入水中煮，将竹子浸入其中，然后晾干。”

饭岛先生在学习竹工以后，又在技术专门学校学习了木工。在“民艺色彩”的课程上，他知道了阿仙树的存在。木工的学习使饭岛先生在竹工制作上拥有了更

盛器外围一圈的制作，非常花费功夫。把苦竹切割成又粗又厚的竹条，是一件相当耗费体力的工作。“每次做的时候，都会苦恼不知要多久才能弄好。”饭岛先生说。

支脚可让盛器底部不直接接触桌面。

两根竹篾为一组进行编制，从中心开始逐渐扩大龟甲图案。

需要特别注意角度和间隔。稍微有一点误差，最后都会造成很大的偏差。

支脚的弯曲。把竹篾放在酒精灯上烘烤，慢慢使其弯曲。

饭岛夫妇作正在享用盛放在竹编盛器中的料理。

广阔的空间。刚独立时，他曾用未染色的竹子编制器皿，后来开始使用经过植物染料染色的竹子，感觉能更好地衬托出所盛放料理的姿态。

还有一个秘诀是 3 只支脚。盛器底部带有 U 形支脚，营造出安定感和清洁感，使得盛器底部和桌面不会有直接的接触。

“有的顾客想买盛器又有所犹豫，翻过来看到支脚的瞬间，就决定购买了。”

除这些秘诀之外，似乎还有一些制作上的秘密。不过，与其探寻这些秘密，还不如来品尝一下盛器上摆放的饭团吧。

工坊中的饭岛先生。

扁柏木盘卷餐碟

示范　山极博史

盘碟的制作，一般是通过对木材进行切削、雕凿等制作出来的，但也可以通过用薄木片盘卷成侧壁的方式来制作。

材料全都是可以在家居中心买到的价格便宜的东西。也不需要凿子及电动工具，用手就可以轻松制作。完成品可以用来放小点心等干性食品，非常实用。

做示范的山极先生（见 p.18）不仅做了圆形的餐碟，还做了其他形状的及不同种类木材组合在一起的作品。掌握了基本款后，就可以尝试制作其他形状及木材的盘卷餐碟。

材料

· 日本扁柏长片［90cm（长）×9mm（宽）×1mm（厚）］约10条（餐碟的高度不同，所用的条数也不同）
· 日本扁柏圆板（底板用，直径12.5cm）1块（家居中心可以代为加工成圆形）

工具

美工刀（裁切长片用）
直尺（或卷尺）
夹子
瞬时黏合剂（Aron Alpha 专业版。专业版使用的是容量更大的挤压型容器，更容易操作）
木工用白乳胶
用于稀释白乳胶的容器
毛刷（涂白乳胶用）
木蜡油（osmo 普通清油）
毛刷（涂木蜡油用）
布片
木块（木片）
砂纸（#120、#180、#240、#320）

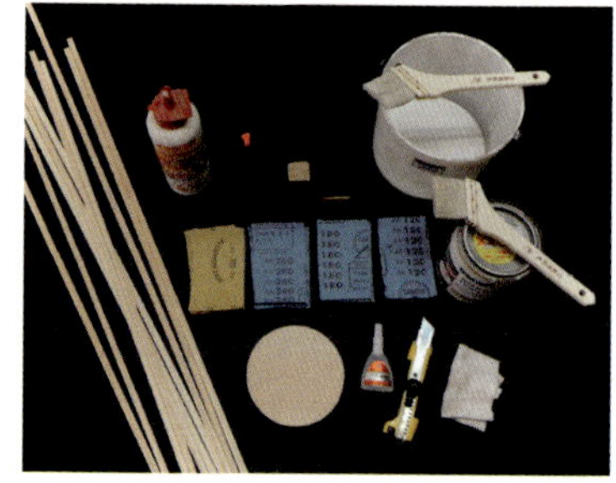

制作方法

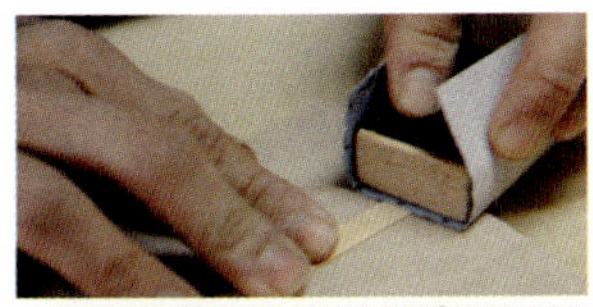

1 用#180的砂纸包住木块，将日本扁柏长片的两端磨薄（这样长片互相黏合时，交接处不会变厚）。加工出约10条即可。

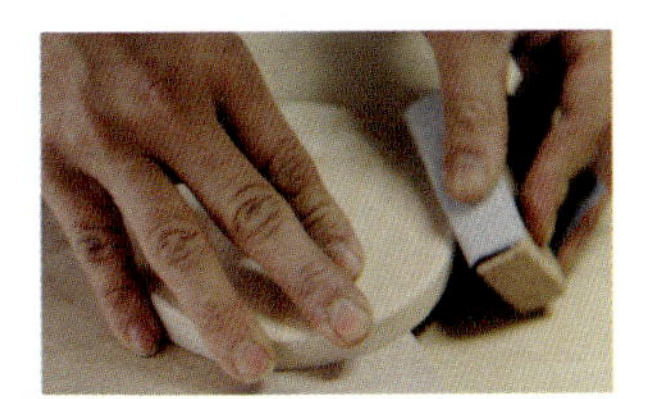

2 修整日本扁柏圆板的底面（即和桌面接触的面）。用#240的砂纸打磨边角，板面整体也大致打磨一下。

3 将日本扁柏长片浸水使其变软。两手分别抓住长片两端，将长片放入水桶中快速浸一下即可，长片两端（即将黏合处）不要沾水。在开始盘卷前，每一条都要这样处理一下。

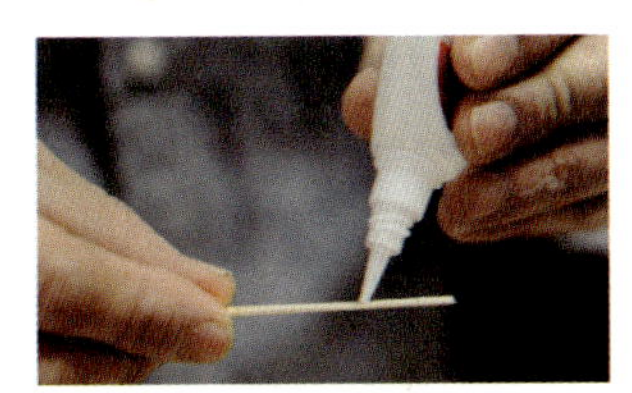

4 将瞬时黏合剂涂抹在长片一端2 ~ 3cm处。

5 把涂抹了瞬时黏合剂的一端粘在底板的侧面，用手按压约10秒。

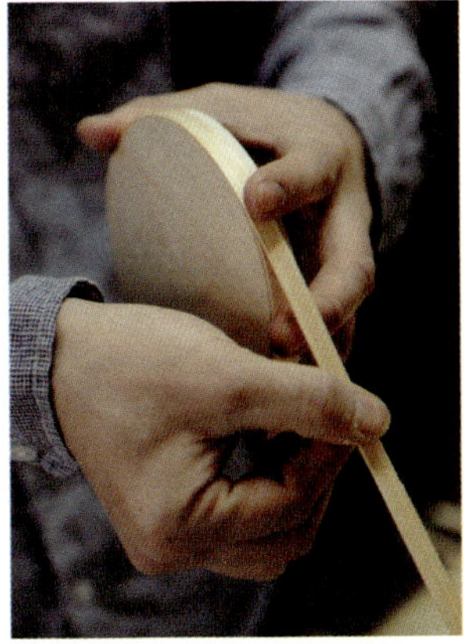

6 沿着底板侧面把长片拽平卷起。

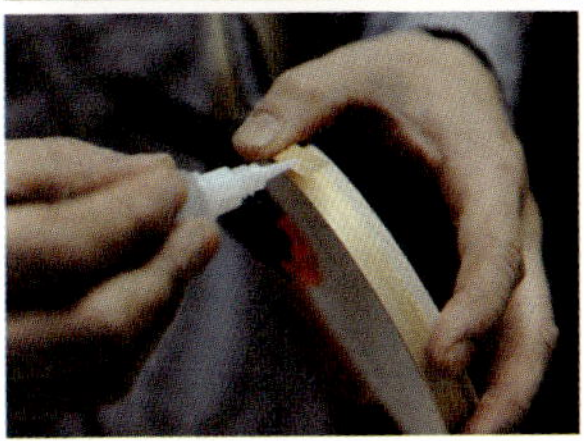

7 卷好后用夹子夹住，然后在长片尾端的外侧涂抹上瞬时黏合剂。

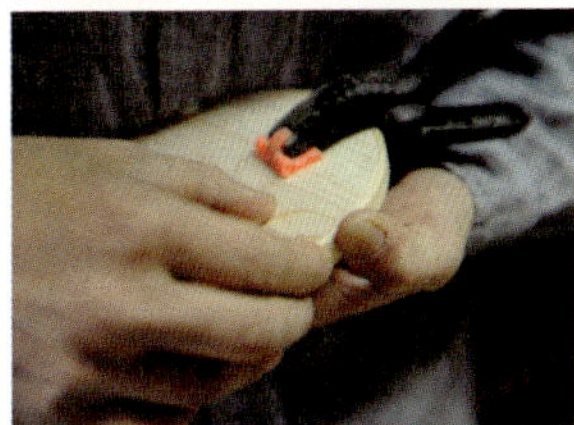

8 拿一条新的长片叠放在涂抹黏合剂之处，再按压约10秒，固定后继续盘卷。重复此步骤。

9 当盘卷的宽度达到约2cm时，在长片尾端的内侧涂抹瞬时黏合剂固定。

10 整理盘卷好的长片，使其不会扭曲变形，而成为规整的环形。

11 竖起碟子的侧壁。用双手一点一点向上拉展卷曲的长片，注意保持均匀的倾斜角度。

12 侧壁立起呈现一定形状后，就完成了。图中的餐碟，内侧的高度是 2.5cm。

13 在容器中倒入木工用白乳胶，加水稀释。加水的量可依混浊度判断，至不透明的程度即可。

14 用毛刷从碟子的外侧开始，涂抹稀释了的木工用白乳胶。涂抹时有吧嗒吧嗒的声音，感觉缝隙都已被浸透即可。注意不要残留气泡。底板不用涂。

15 以同样方法涂抹内侧后，等待木工用白乳胶干燥。最好能放置半天以上的时间。

16 木工用白乳胶干燥后，用砂纸进行打磨。先从粗糙的 #120 的砂纸开始。把砂纸包在木块上，将内侧的台阶状落差打磨平整。

17 打磨至大致平整后，拿掉木块直接用手按着砂纸进行打磨。

18 换成更细的砂纸继续打磨，#120 的砂纸之后，按照 #180、#240、#320 的顺序更换砂纸。底板上溢出的瞬时黏合剂，以及底板的板面和边缘等用 #240 的砂纸打磨。最后用 #320 的砂纸整体打磨一遍。

19 用布片擦掉木屑，用毛刷涂上木蜡油。虽然涂 1 遍也可以，但是涂 2 遍表面会更漂亮，强度也会更高。

20 涂好后等 5 分钟，再把浮于表面的木蜡油用布片擦掉。

完 成 放上小点心，就成为一个好用的点心餐碟。

侧壁加入了一条黑胡桃木长片的餐碟。仅仅加入了一条不同颜色的长片，整体的感觉就变得不一样了。山极博史作品。

底板变成椭圆形，侧壁用黑胡桃木长片盘卷而成。山极博史作品。

制作要点

长片盘卷的质量是决定成败的关键！

一 无论怎么说，长片的“盘卷”都是最重要的。拉拽要适度，手部力量要适中，不能过强也不能过弱。实际卷几条感受一下，就可以掌握好这个力度了。为了不让卷好的长片松掉，要有效地使用夹子。

二 把卷好的长片竖起形成侧壁时，要均匀地进行拉展，不要一下拉展过多。

三 用砂纸打磨时，要整体均匀地打磨。如果总是集中在一个地方打磨，那么长片可能会被磨透。如果打磨不到位有打磨痕迹残留，那么涂抹木蜡油时这部分就无法形成均匀的油膜。毛刺也一定要清理干净。

3

钵、沙拉碗

须田二郎的作品。

突显木材质感的同时 创造出优美的线条

须田二郎的生木沙拉碗

Suda Jiro

须田二郎（すだ じろう）

1957 年出生于新潟县。毕业于明星大学文学部英文科。先后从事过天然酵母面包制作、无农药蔬菜栽培、烧炭及承包森林组合（日本的一个社会团体）的森林养护等工作。1998 年开始使用倒伏的木料通过车床来制作木器。

樱木器皿。（大）直径约 22cm，高 10cm。（中）直径约 13cm，高 8cm。（小）直径约 10cm，高 3cm。

吠嗡……哗嗡……须田先生用链锯把樱木的原木料从中间纵剖成两半，再利落地把尖角切掉。须田先生使用链锯的手法很漂亮，因为他曾从事过烧炭及森林间伐等林业相关工作，所以处理木料的手法相当专业。“以前，杂木林的树每 20 年砍伐一次制成木柴和炭。现在已经不再遵守这种周期，森林变得荒芜，树虽然也能成材但长得扭曲变形，已经不能作为很好的基材了。因为曾经当过森林志愿者，也从事过森林组合委托的工作，所以为了森林资源的再生，就考虑着如何可以利用这些木材，于是开始从事木工。”

须田先生使用车床把生木（译者注：指砍伐不久的还未干燥的木头）车制成各种器皿，使用的材料是间伐的或因台风倒伏的樱木和枹栎。因为特意保持原样地使用天然木材，所以无法制作出外形和尺寸完全相同的作品。“如果木材中有裂痕，制作时必须把这部分去除。要根据木材的大小和厚薄来决定作品的形状。”

把樱木的圆木用链锯剖开。

切掉尖角。

车制成直径 30cm 的樱木碗。

刚刚车制好的碗碟。碗的直径是 30cm，碟的直径是 25cm。

（左）材质为樱木，18cm × 16cm，稍做变形。（右）材质为樱木，直径 16cm。（下）材质为光叶榉，直径 12cm。

须田先生制作的器皿，有很多料理研究者和饮食顾问这样的拥趸。

我们摸了摸刚车制完的樱木碗的表面，明显地感觉到是湿润且蕴含水分的。车制出形状后，放置 2 ~ 3 周的时间，木材因为干燥收缩而扭曲变形。木材所产生的这种自然的变化使作品有了不一样的韵味，这也是须田先生的作品大受欢迎的原因。

“刚开始做时，作品会更厚一些，有点乡土气息。后来听取了料理研究者和专栏作家的建议，把厚度控制在了 1cm 以下。”

并非完全顺着木材的自然形态进行车制。要一边考虑线条的优美及易用度，一边发挥木材本身所具有的优点。

完成后涂上色拉油。在大碗中盛上蔬菜沙拉，淋上沙拉酱，沙拉酱的油会慢慢浸润到木头里。这些作品就这样伴随着岁月，成为活跃在日常生活中的好用器物。

正用自己做的器皿盛放料理的须田先生。

将遭丢弃的日本柳杉在涂漆后获得重生

小沼智靖的截面纹木钵

Konuma Tomoyasu

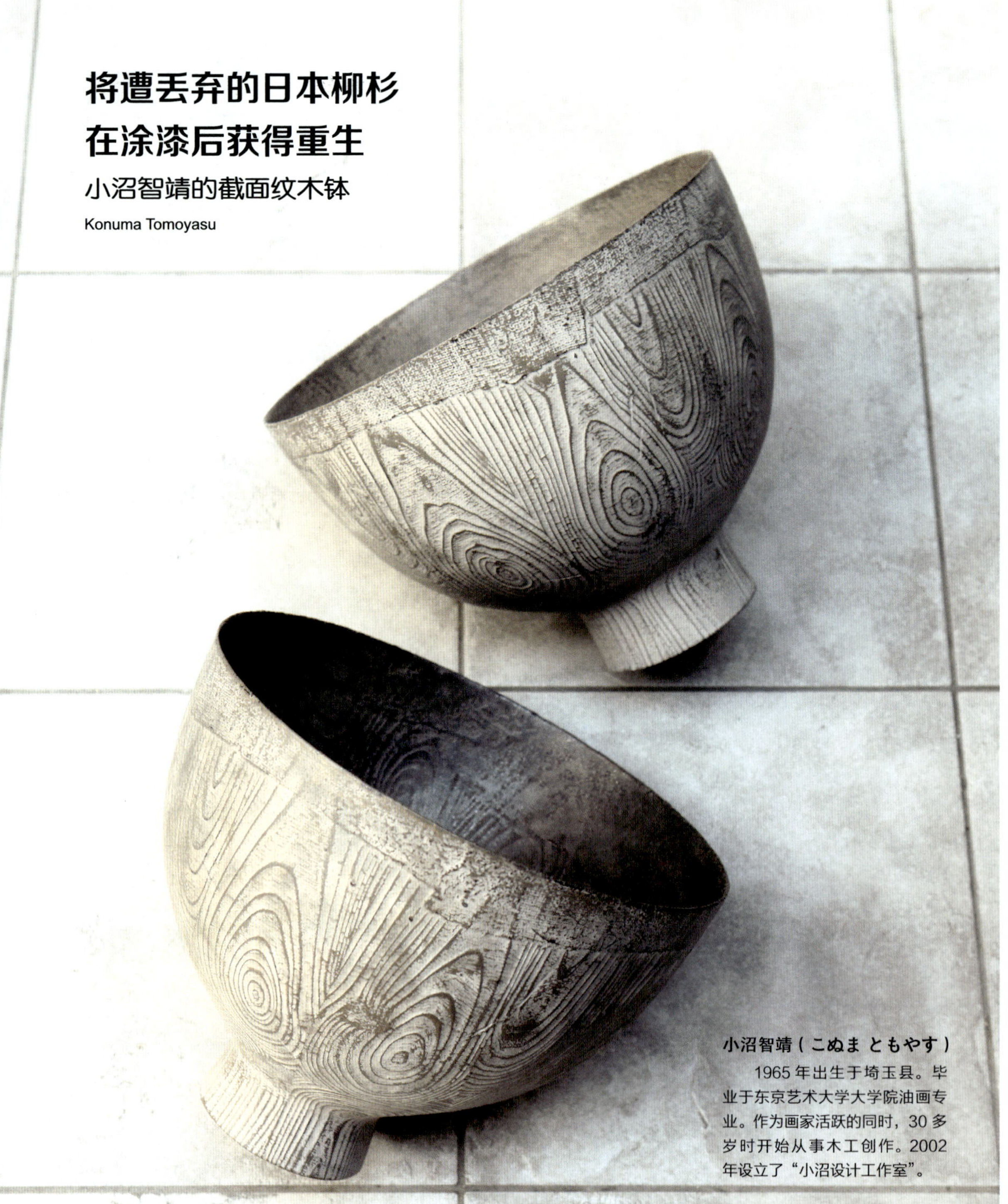

小沼智靖（こぬま ともやす）

1965年出生于埼玉县。毕业于东京艺术大学大学院油画专业。作为画家活跃的同时，30多岁时开始从事木工创作。2002年设立了“小沼设计工作室”。

截面纹木钵。材质为日本柳杉。虽然表面涂了白漆，但是成品更接近于浅茶色。直径30.5cm，高24cm，也有更小的尺寸。

平碟。使用从建材用日本柳杉两端切下的余料制作。表面涂漆。16.5cm × 16.5cm。

日本柳杉生木碗。表面涂漆。直径 13.5cm。

日本柳杉生木碗。（左）高 5.7cm。（右）高 7.5cm。后面是截面纹木钵。

小沼先生。工坊设置在住宅的一楼。

日常使用的日本柞材质的器皿。表面涂紫苏籽油。

与木工的缘分始于十几年前的一则新闻，报道称在四国有大量的树被风刮倒，当地人因不知该如何使用而非常困扰。作为画家的小沼先生，那时候还没有从事木工。

“看了新闻后就开始认真思考是不是能做点什么。那时想到的是，把小块的木材组合起来让旋涡状的纹理排列在一起，应该会形成有意思的图案。”

他立刻把家里剩余的木材用刨子刨削后试了一下，如同预想那样做出了有意思的东西。之后，他又把建材用的残次品日本柳杉截短，涂抹黏合剂后几根压在一起做成木块，再用这种木块制作凳子和器具。那段时间他一边画着油画，一边用废弃的木材做着手工艺作品。

比如，把日本柳杉的纹理与漆的质感进行巧妙的融合，做成充满存在感的截面纹木钵。把日本柳杉块装到车床上，用车刀（车床的刃具）进行车制来确定形状。大个的木钵，既可以作为花器使用，又可以在举行宴会时放在桌子中央，盛放上料理起点缀宴席的作用。

“合理地运用车刀，才能在不发生破损的情况下车制出薄壁。车床的加工技术是自己摸索的。”

涂漆的技术，是小沼先生在大学时从学习漆艺的人及专业从事轮岛涂的人那里学来的。“用画油画的感觉来涂漆。涂漆与画油画是有共通之处的，所以我做起来很简单。虽然很多人为了保持漆器表面的光滑而舍不得使用它们，但我还是希望大家多多使用。这些器皿经过使用后，漆面下的坯面会隐隐显露出来，看起来非常漂亮。随着使用时间的延续，它会呈现出不同的韵味，享受这种变化岂不是一件很棒的事情。我的孩子平时就最爱用这些漆器。”

小沼先生的作品把木材的存在感，通过画家的感性用器皿的形态表现出来。他的作品随着不断的使用，会拥有越来越好的质感。

保留树皮，创造出感性的造型

大崎麻生的白桦船形碗和圆碗

Oosaki Mao

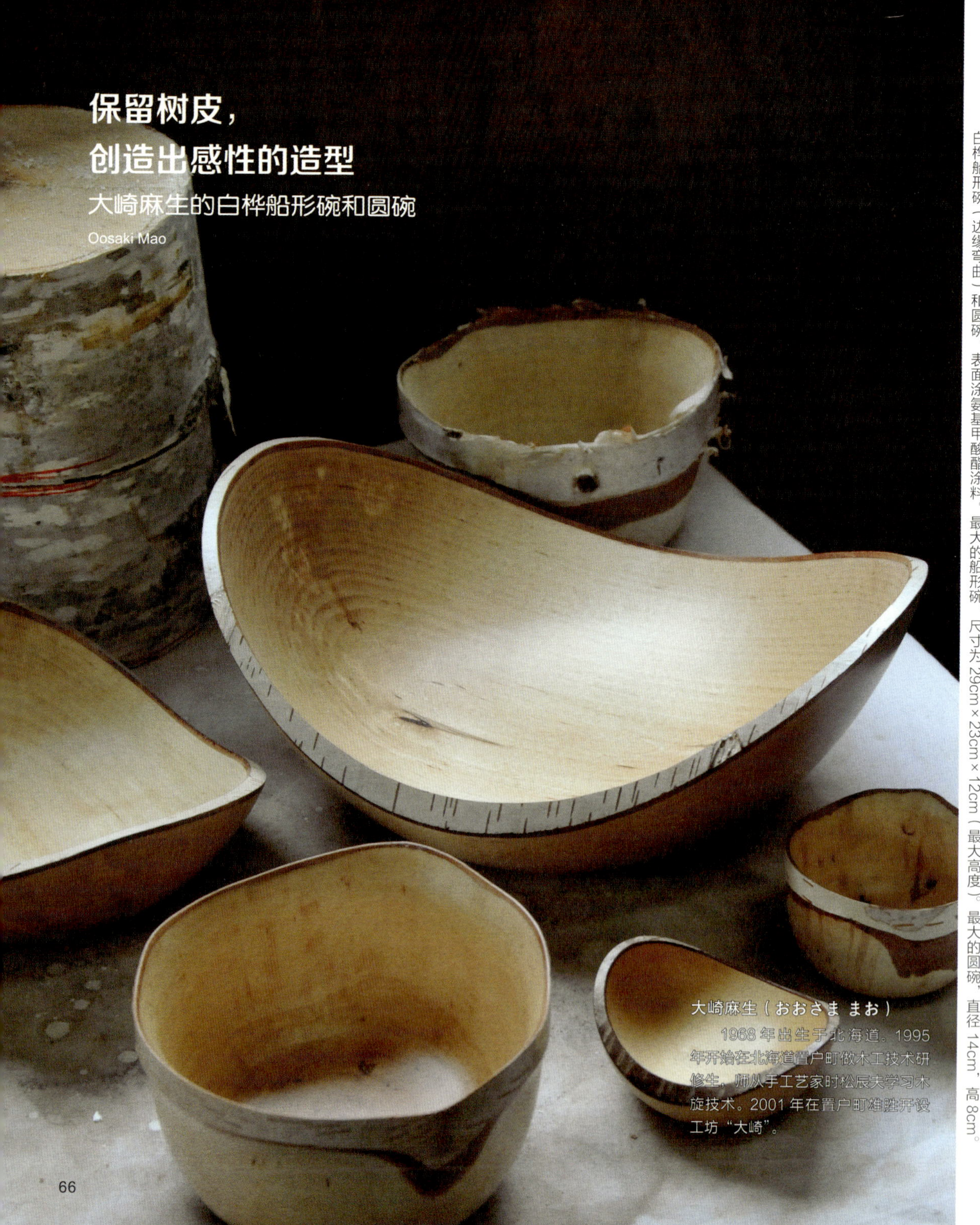

白桦船形碗（边缘弯曲）和圆碗。表面涂氨基甲酸酯涂料。最大的船形碗，尺寸为29cm×23cm×12cm（最大高度）。最大的圆碗，直径14cm，高8cm。

大崎麻生（おおさま まお）

1968年出生于北海道。1995年开始在北海道置户町做木工技术研修生，师从手工艺家时松辰夫学习木旋技术。2001年在置户町雄胜开设工坊“大崎”。

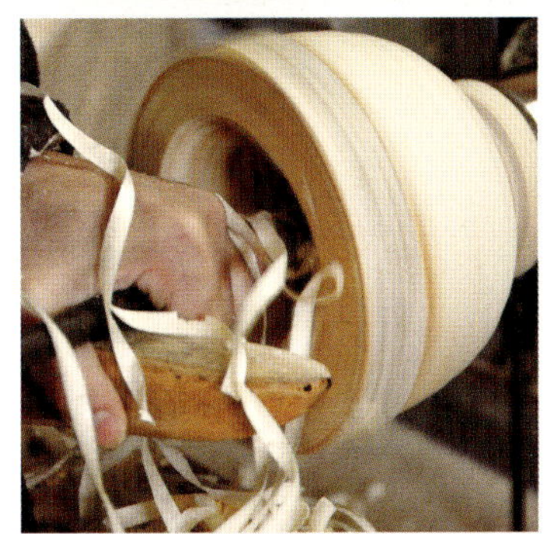

白桦锯成圆木段，放到旋床上车制。

大崎先生和从事“OKE CRAFT”木工制作的朋友们一起砍伐的白桦的圆木。白桦在日照充足的地方可以迅速扎根，成长得很快。说到白桦，很多都市人可能对它心怀憧憬，但在北海道它却是非常普通的一种树，而且通常被认为属于基本没什么用处的木材。

白桦船形碗。因为是利用天然木材制作的，所以不会有两件一模一样的作品。“要如何使用才好呢？一边用心思索着类似的问题，一边享受着其中的各种乐趣。”大崎先生这样说道。

可以看到树皮内侧形成层附近呈现出较深的色差，有画龙点睛的效果。

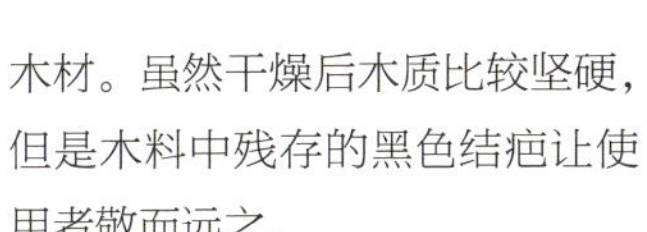

工坊的后面，白桦圆木渐渐堆积了起来。这些都是从12月到翌年1月，大崎先生自己上山砍伐的。到了春天，从4月初北海道白天的气温就开始有所提升，这时大崎先生也开始了船形碗和圆碗的制作。船形碗的日文“ニマ”，在阿伊努语中是“容器、器皿”的意思。

“根部无法吸收到水分的严寒时期，是砍伐树木最好的季节。砍下来的树放在户外‘冷冻保存’一段时间，4月到5月间趁着木头还没有干燥，将圆木开料锯切。”

大崎先生在以“OKE CRAFT”而闻名的北海道置户町做木工技术研修生时，和老师手工艺家时松辰夫先生一起做了很多尝试，以探索如何利用白桦做出木旋制品。“OKE CRAFT”木工制品主要使用当地的鱼鳞云杉为原材料，但是由于担心资源枯竭，所以开始考虑使用成材更快的白桦作为替代。白桦通常被认为只能制作冰棒棍等，属于没有什么用处的木材。虽然干燥后木质比较坚硬，但是木料中残存的黑色结疤让使用者敬而远之。

经过不断的尝试，最后诞生了船形碗和圆碗。由于边缘弯曲被称作“NIMA”的船形碗，与圆形木碗一起成为“OKE CRAFT”的人气商品。虽然有不少人在做，但是大崎先生的作品因外形洗练而拥有很高的人气。

“外形要努力做到简洁流畅，虽说如此，太过线条分明也不行。因为原材料是天然木材，所以形状也是各式各样的。一边分析每一块木料的特点，一边基于自己感性上的认识，选择最合适的形状进行加工制作。”

作品的亮点是，适度保留一部分的白桦的树皮，并且对树皮内侧形成层附近的深色差进行有效利用。仿佛浅色的白桦木中间夹着黑胡桃木般的自然造型，就这样在大崎先生的手中与优美的线条完美融合在一起了。

柿漆木钵

示范 森口信一

试着把栗木用凿子咔咔地雕凿成一个小木钵。根据情况分别使用圆凿、剜凿、平凿等。表面涂柿漆。

示范者是木作职人森口先生（见 p.102）。

表面涂柿漆的木钵（刳物）。直径 12cm，高 3.7cm。

材料

栗木（这次使用的木料尺寸为 12.5cm×12.5cm×3.7cm。手边若有大小相近的木料即可使用）

工具

工作台
木槌
橡胶锤
圆凿（刃长 6 日分，即约 18mm）
平凿（刃长 1 日寸 2 日分，即约 36mm）
平凿（刃长 8 日分，即约 24mm）
剜凿
小刀
铅笔或圆珠笔
圆规
木工角尺
手锯
柿漆
毛刷
砂纸（#600）
蜻蜓

※ 刃长仅供参考。

在木料上画线

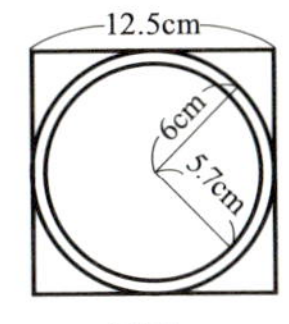

正面

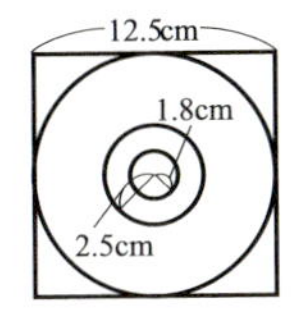

背面

1 在木料的正面画出对角线，找到中心点。用圆规画两个半径分别为 6cm 和 5.7cm 的圆。背面也同样画两个半径分别为 2.5cm 和 1.8cm 的圆。

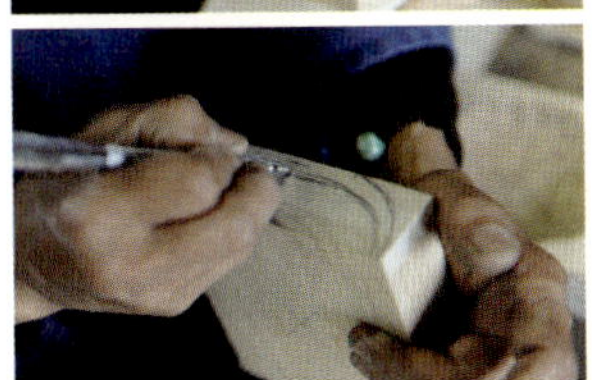

2 在侧面按预想形状画出曲线。底部的厚度应保持在 7~8mm。

内侧的雕凿

3 把木料固定在工作台上，用木槌敲击圆凿进行粗雕。先从中心区域开始。不是只从一个方向，而是不时转动木料从各个方向进行粗雕。握持凿子的左手的腋下要夹紧。

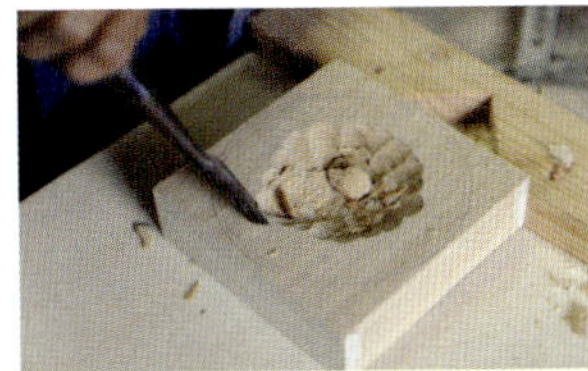

4 不要雕凿得太深，以免底面形成 V 形的蚁狮穴的样子。先将凿子立起竖直打入，再逐渐倾斜凿子雕凿出弧形的底面。

5 雕凿到一定程度后，测量深度看是否和侧面的画线相吻合。可在木棒中央打孔后插入竹棍，制作出图示的测量工具（称为“蜻蜓”），用它测量会更便利。

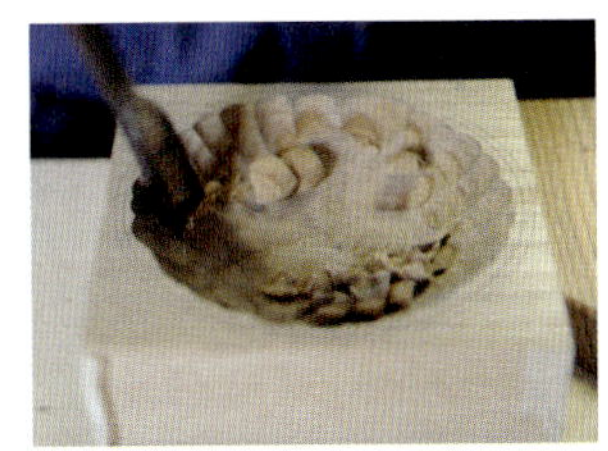

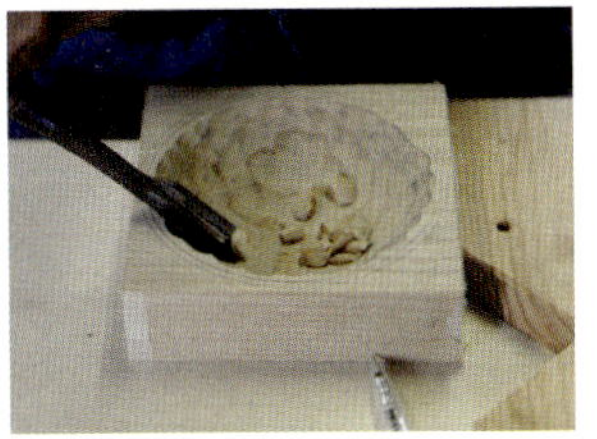

6 从直径 11.4cm 的圆的画线向内 2mm 处开始向着中心雕凿。刳物制作时如果刳挖过头了是无法修正的，所以这个阶段，不要紧贴着画线进行雕凿。

7 雕凿到一定深度后，改用橡胶锤敲打凿子，以使内侧的曲面变得平滑。圆凿和刳凿同时使用。

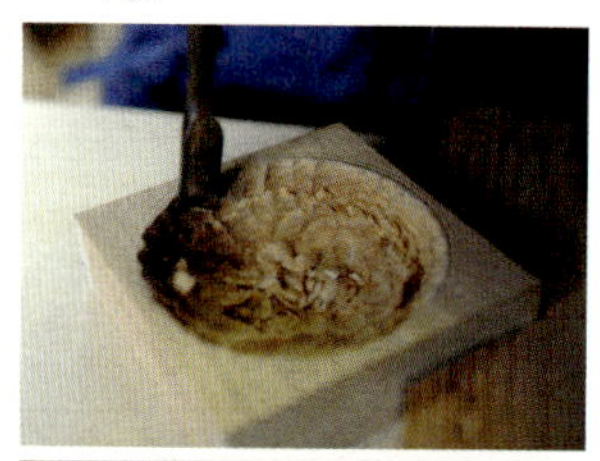

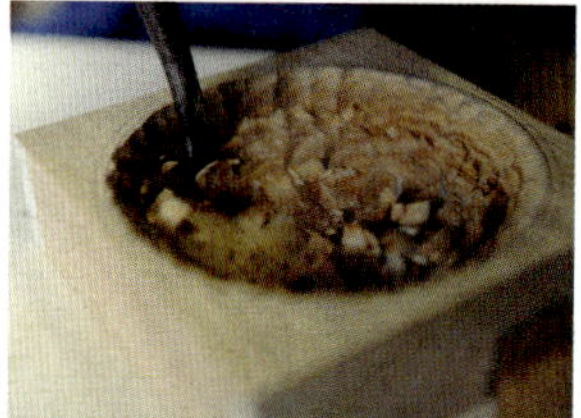

8 雕凿得差不多时，开始用圆凿向纵深方向进行。遇到逆纹时，不要强行雕凿，可以尝试换个方向，用刳凿来处理。

10 确认内侧曲面是否形成了漂亮的弧度。用铅笔沿着内侧边缘画一圈，如果从上方俯视时线迹基本是一个正圆形就可以了。

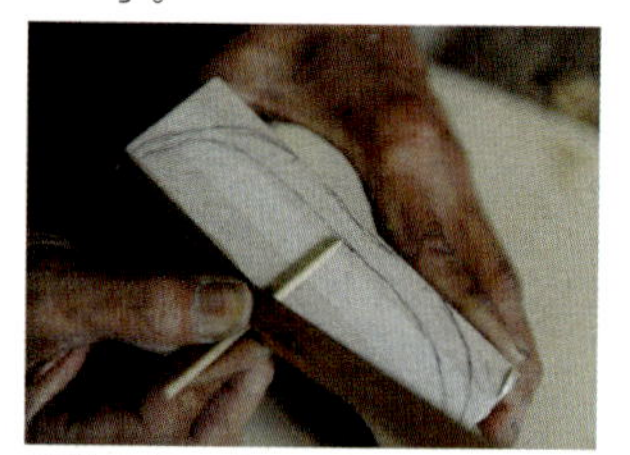

11 用蜻蜓确认深度。如果和侧面预先画的线迹一致就可以了。

9 最后的工作是，用手压着凿子，一边确认弧度一边修整成形。

外侧的凿削

12 从木料背面直径 3.6cm 的圆的画线内侧开始，用手推按凿子轻轻地铲削。

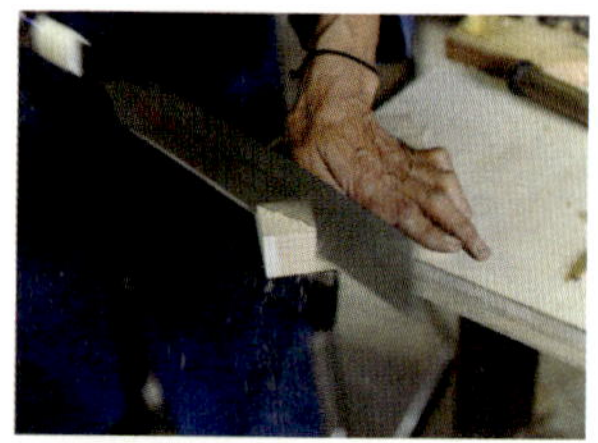

13 用手锯切除 4 个尖角。事先在要切除的地方画上线比较好。可在距边缘 2~3mm 处画线。

14 把用手锯切除尖角后形成的棱用平凿适度铲平。

15 木料的背面用圆凿粗略调整一下。尽量沿着顺纹的方向进行。在木材边缘向内 2cm 处画一条线，把从木材边缘到这条线的部分凿削出一定的斜度。

16 凿削过程中要不时地确认一下整体造型是否协调。外侧曲面完成后，用手推按平凿将外沿周边铲削成形。

17 用小刀和凿子进行倒角处理。

木坯完成。

涂柿漆

18 用毛刷蘸上满满的柿漆，涂在内侧表面。适度干燥后，外侧表面也涂上柿漆。

19 干燥后，用 #600 的砂纸把木屑打磨掉。

制作要点

不要变成V形的蚁狮穴

一 使用凿子时，要先立起来，然后一点一点地雕凿出弧度。不要雕凿得过深，以免底面形成V形的蚁狮穴的样子。与握持凿子的手同侧的腋下要夹紧。

二 尽量顺着木纹的方向雕凿。感觉遇到逆纹时，要先停止雕凿。要时常清理木屑。

三 “刳物制作时一旦刳挖过头，就无法挽救了”，一定要在心里牢记这件事。因此，要记得确认底部的厚度。

完 成 擦掉木粉后，再涂一遍柿漆。

4

方便易用的漆器

在传统的木碗造型中融入现代感

落合芝地的外雕痕木碗

Ochiai shibaji

落合芝地（おちあい しばじ）

1975 年出生于京都府。2000 年毕业于京都市传统产业技术者研修漆工本科。之后，在京都树轮舍木工塾学习木工基础，向滋贺县永源寺的小椋宇三男学习木旋技术。2005 年开始在各地举办展览。2011 年在大津市开设工坊。

片口碗。因为表面采用莳地处理（译者注：以木炭和黏土为材料对漆器进行基层处理的一种工艺），所以非常结实。落合先生运用漆器的传统技法，制作出日常的生活用具。直径 14cm，高 9.5cm。

左起，外雕痕圆碗（直径 11.5cm，高 6.7cm），外雕痕斗形碗，外雕痕高台线纹碗，外雕痕饭碗。

落合家的用餐开始了。在桌子上，摆放着用落合先生制作的器皿盛放的料理。盛着米饭的，是外侧留有雕凿痕迹的很有质感的外雕痕木碗。

“关于碗的造型，一直以来似乎最大的区别就是是否附带高台。其实，若都是同样的造型，就没什么趣味了。‘用手拿起，放到嘴边，用嘴接触’，基于这些基本动作，能否创作出易用的、融入现代感的木碗呢？于是一边思考着这些，一边进行创作。”

落合先生在约 25 岁前，都在京都学习漆器的涂装和莳绘（译者注：利用漆的黏性，使金粉、银粉等固定在漆器表面形成装饰图案）。之后，虽然又学习了刳物工艺和木旋技术，但是最初的制作是从漆工开始的。所以，他也制作过正统的朱漆和黑漆工艺的木碗。不过，从约 25 岁后，随着参加各地的工艺品展览，他接触到了各种各样的客户，作品风格也慢慢发生了变化。

“保留木材表面肌理的风格，感觉最适合自己。现在，表面涂漆的处理变得多起来了。虽然做的是漆器，但是我想做出轻便舒适的感觉。想给忙于抚育孩子的同龄人提供更容易接受的漆器，让他们使用漆器，使他们感受到漆器的沉静和安详，这真是一种美妙的感觉。”

落合先生在漆产地岩手县的净法寺做过一季的“采漆人”。那时期的体验是相当宝贵的。

早晨总是很早就起床进山。一边思考如何获得更好的漆，一边采漆。心情愉快地享受着这种孤独感的同时，也真切体会到这些费时费力才能采到一丁点

使用旋床工作中。

托盘的材质为水曲柳。40cm × 30cm。

为了托持方便，在托盘的两端边缘做出了微小的圆角。

桧木碟子。直径 24cm。表面涂漆。木材柔软的地方被漆浸染，颜色变得更深。

榉木长碟。59.5cm × 12cm。表面涂漆。

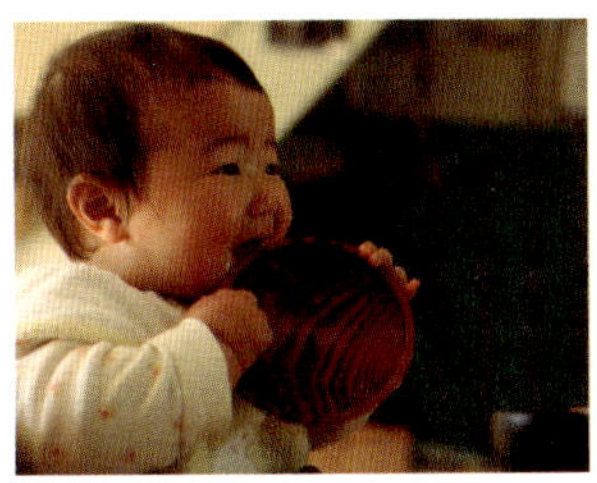

次女蕗子非常喜欢涂漆的器皿。

妻子佐知子做的料理盛放在落合先生做的器皿里，一家人聚在一起吃饭。

的漆的价值。正因如此，落合先生这样向我描述漆的魅力和自己的感悟。

“漆器可以盛放热的汤汁或用油炒制的东西等，总之什么料理都适用。十分结实。应该没有比漆更好的涂料了吧。修理、重新涂装也很容易。虽然也有人因保养太麻烦而对它敬而远之，但是可以先从碗开始使用，习惯以后就会体会到其中的乐趣。”

落合先生特别注意在木坯的表面保留雕凿的痕迹，比如外雕痕碗系列的作品，外侧就保留了那样的痕迹。

“这是使用刃具一点一点雕凿出来的痕迹。但是，雕凿的痕迹也不能太刻意，仔细看时有一种‘好像被什么凿削过’的感觉就可以了。”

落合家的用餐结束了。次女蕗子，却咬着父亲制作的涂漆餐碟不肯松开。虽然还是未满一岁的幼儿，但是已经完全习惯了使用漆器。

简单的造型和配色
让料理提升了一个档次

山本美文的白色漆器

Yamamoto Yoshifumi

吃意大利通心粉用的轮边碟和白漆碟。

山本美文（やまもと よしふみ）

1959年出生于冈山县。1987年在长野县上松技术专门学校学习木工基础，毕业后成为独立木作职人。1997年回到冈山，一边从事家具、器皿等的制作，一边在日本全国举办个人展及参加团体展。

保留着雕凿痕迹的白漆圆碟（材质为连香木）和用旋床车制的木碗（材质为日本七叶树）。

妻子祐子在山本先生制作的器皿中盛上了亲手做的料理。轮边碟和白漆器皿，让颜色各异的菜肴看起来更加美味。

白漆的使用是从数年前开始的。一般来说，涂漆的器皿多是红色或黑色的。“晴日（不平常的日子），亵日（平常的日子），很喜欢这些流传下来的日本传统生活方式。在作为晴日的正月要使用红色的器物，日常生活中则用亵日用的器物，想把它们区分开来，于是就想到使用白漆。”

作为独立木作职人，山本先生在长野县上松町主要从事家具的制作。把工坊搬到冈山老家以后，则利用当地生长的木材开始制作器物。

“在日本中部的山地中，生长着可以用于家具制作的阔叶树。但是足够大的木料很少，用于家具制作时常常需要拼合木料。总觉得没有有效地利用这些木料，所以就想着能不能用这些小的木料制作小件的东西，于是开始制作器物。”

现在，山本先生原创的餐具等器物非常具有人气，已经没有时间来制作桌子、椅子等家具了。而且，新建的住所，也有很多类似于搭建厨房这样的事情需要去做。

胡桃木做的果酱勺。

餐凳（材质为胡桃木）。座高60cm。

汤匙、叉子和黄油刀。山本先生使用住所附近的橄榄园里生长的橄榄树制作。

白漆碗的底部贴着布。乍一看很像陶器，听说经常有顾客伸手拿的时候发出“啊，好轻”的感叹。

碗底有“美文”的签名，同时刻有“4423”的数字。

冈山县牛窗的橄榄园内的展室“橄榄小径”中，展示着山本先生的作品，有夏克式风格的桌子、长凳、架子、椭圆形食盒等。

山本先生正在用加拿大制的鸟刨刨削日本山樱木来制作叉子。

用带锯机开料的山本先生。

让料理看起来更美味的山本先生的作品。

山本先生将妻子祐子做的料理盛放在器皿中。据说妻子做的饭是他的最爱。

家具也好器物也好，山本先生的作品整体上都给人一种简朴的印象。削减掉无用部分后呈现出洗练的造型，可谓是能完美融入日常生活中的作品。无论与什么空间，都能很好地搭配在一起。

“我制作的家具的特征是，没有山本美文的风格。家具被长年使用，会传承给儿辈甚至孙辈。如果是突出个性的作品，传承给下一辈时可能就无法满足那时的喜好了。为了下一辈也可以使用，就要保留一些扩展改造的余地。器物的制作基本上也是基于同样的考虑。”

山本先生最初在技术专门学校制作的作品，是模仿夏克式家具的三脚桌子。刚进入专门学校时非常崇尚简朴的东西，老师就建议说，那不如做一些夏克式风格的作品试试吧。从那时就开始关注夏克式风格的造型简朴而重视功能的家具和器物。

“夏克式家具不是设计优先的，而是将对日常生活中易用性的思考进行了完全的贯彻。所以很想以自己的方式来表达这种思考。”

而将这种想法具象化的作品就是白漆的器物、餐凳及胡桃木的果酱勺。它们显然具备了山本先生的作品所惯有的简朴和日常易用的特点。虽然他自己说制作的是没有山本美文的风格的作品，但是他手下诞生的作品，其实方方面面都散发着山本先生的风格和气质。

山田真子（やまだ まこ）

1980年出生于石川县。毕业于高冈短期大学产业工艺学科（漆工艺专业）。2000年一边师从于日本工艺会正式会员佐竹一夫，一边在石川县木旋技术研究所学习木旋技术和漆工艺。2002年毕业。2005年成为独立木作职人。现在主要从事木坯师的工作，以及作为木漆师参加各种活动。

把自己想使用的器物，用旋床车制出来，涂漆后完成

山田真子的“HIGO”

Yamada Mako

『HIGO』系列的木碗造型简朴，底部没有高台。手感非常棒。高7.5cm，直径12.5cm。材质为日本七叶树。表面涂漆。

“HIGO”系列的器皿。通过表面涂漆的处理，日本七叶树那充满梦幻感的纹理被完美呈现出来。

在表面涂漆的器皿（材质为日本七叶树）中放入酸奶和草莓酱。

轻薄，光滑。无法用语言形容的美妙的圆润感。用双手端起来时弧度十分贴合手形。即使放入温热的汤汁，手也不会感觉到热度。手感真的是非常舒适。将日本七叶树的木料进行车制，涂上漆以后就完成了。底部没有高台，造型非常简朴。

“平时，会试着做一些自己想使用的器皿。经常会使用它们盛放食材很多的炖菜或汤。吃乌冬面等面类时则要用略大一些的器皿。”

山田女士从小生活在作为“山中涂（译者注：指日本石川县加贺市山中地区出产的一种漆器）”产地的石川县山中地区。她是为数不多的女性木坯师（将木料用旋床进行车制，加工成碗、碟子等的形状的职人）。一方面从事木坯师的工作，另一方面也是一名从木坯制作到涂漆都由自己完成的创作原创作品的木漆师。

木坯师的工作是，从木漆师和涂装师那里接受制作木碗等器物的委托，然后完全按照规定的尺寸进行车制。而作为木漆师，在创作时形状随机发生变化也是可以的，以这种心态尽情而果敢地进行创作。

“制作自己的作品时，不会过于小心翼翼。唰唰地画出预想的大致样子，然后边车制，边琢磨‘应该是这个样子吧’。”

开篇介绍的碗是“HIGO”系列中的一种。“HIGO”是从石川县周边方言中表示“歪”的“higoru”而得名的。日常会话中会说“弄歪了”等，听说是非常常用的词语。“HIGO”系列的作品的形状不是非常规则的圆形或椭圆形，让人总觉得哪里有点歪了，充满了趣味感。这些作品的诞生则充满了偶然性。

“给在东京的大型会场举办的展示会提供作品的时候，场内的空气非常干燥，木制作品产生了变形，形状变得很有趣，就觉得这样也不错嘛。”

几年前，山中的木坯师和涂装师出访加拿大，和用旋床加工车制作品的人举行了交流会，山田女士也参加了。

“使用保持自然状态的生木，自由地创作。非常独特，留下了很深的印象。”

那时的体验已经反映到了山田女士现在的作品之中了吧。

“关于器物，保持一颗简朴的心。没有装饰和高台，抱着做减法、再做减法的心态。特别是涂漆的器物，如果附加了太多的东西，就会变得不那么美丽了。”

一边继承着传统工艺技术，一边把新的创意和个人的感性融入其中。独特的品味与易用性，让山田女士创作的器物成为与众不同的生活用具。

开料完成。接下来在旋床上进行进一步的加工。

山田女士说：“小时候，经常和父母一起参观美术馆和传统工艺展。”

山田女士把车刀对准木料，用电动旋床进行车制。

茶筒。外侧贴布。盖上盖子时高 17cm。直径 7cm。

刃具都是山田女士自己做的。做一个器物要用到 6 种不同的车刀，最后用小刀来完成。

工坊的墙上整齐地排列着还没有涂漆的木坯。

涂漆的各种颜色的胸针和簪子。左上角的那只贴有金箔。

用旋床车制的木材和小配件。切开木材形成的断面，有着独一无二的形状。

袖珍碟。这些也是用旋床车制的。菱形碟（左下）长对角线的长度为 19cm，短对角线的长度为 6.5cm。材质为日本七叶树。表面涂漆。

涂漆竹碟

示范 饭岛正章，森口信一

把竹子进行简单的劈削、锯切、打磨、涂漆，就能做出一只漂亮的碟子，绝对比你想象的更容易。虽然漆的处理有时让人觉得比较困难，但只要按照步骤做，即使是初学者也能顺利完成涂漆而不会产生过敏反应。

竹工的示范者是饭岛先生（见 p.52）。涂漆的示范者是森口先生（见 p.102）。

涂漆竹碟。（远处那个）长 24cm，宽 5cm。

材料

苦竹

※ 苦竹竹节之间的间隔较长，有弹性且易于切割，所以容易加工。

※ 如果使用竹笋可以食用的孟宗竹，则材质多少会有一点发黏的感觉。

工具

手锯（虽然推荐使用竹子专用锯，但只要是刃部纤细的锯就可以）

木槌（玄能或其他金属锤也可以）

双刃劈刀（推荐使用竹劈刀或割竹刀）

小刀

工作台

卷尺

铅笔

砂纸（#180）

扫帚

劈竹台

钢丝球

擦除污垢用的海绵

制作方法

1 用水把苦竹清洗干净。在距离一端（离竹节较远的一端）1cm 处用手锯锯断，再在另一端距离竹节数厘米处锯断。将竹子放在劈竹台上，固定好。

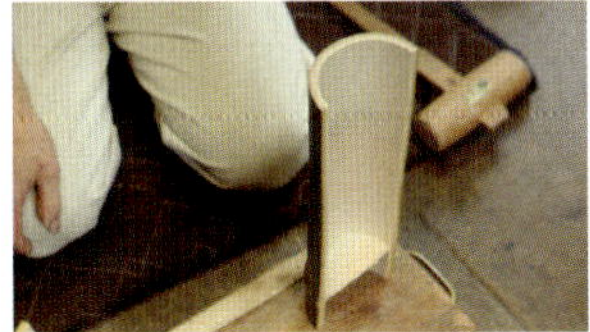

2 将锯好的苦竹立在工作台上，劈成两半。用双刃劈刀对准端部的正中，用木槌敲击劈刀的背部。

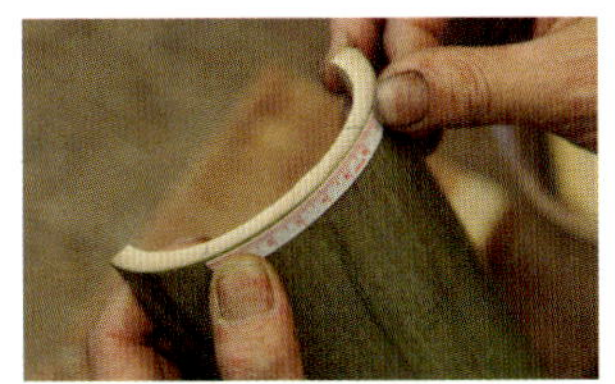

3 劈开后的竹片的两侧各留出一些距离，用卷尺在中间量5~8cm（根据竹子的粗细确定适当的长度）的长度，并做好标记。

4 用劈刀对准标记处，用木槌敲击劈刀进行劈切。应让劈刀做直线运动。

5 用劈刀削去内侧的竹节。

6 按照预想的完成品的长度，用铅笔画线后锯切，两端都做同样处理。

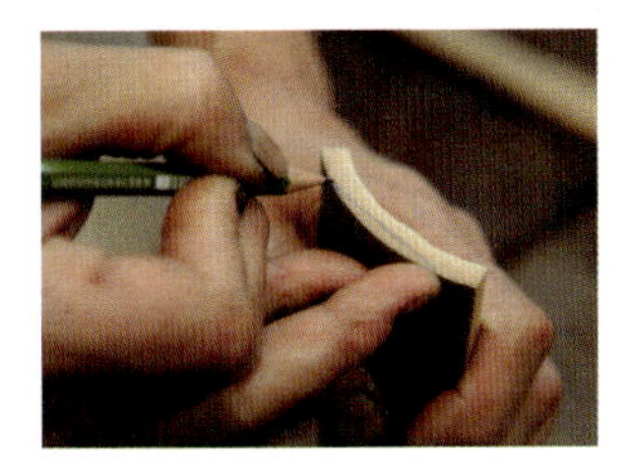

横切面上厚度的中线

从这里纵向削切

7 为了制造底部的平面，要用劈刀纵向削切掉竹片的表皮。削切中间的表皮时，劈刀应对准竹片横切面上厚度中线偏外侧一些的地方。事先用铅笔在横切面上画好线。

要注意！

如果劈刀太靠近竹片的内侧，就会失败。

8 两边的表皮也削切掉，这样竹片的表皮就全都被削切掉了。

10 用擦除污垢用的海绵和钢丝球，对竹片的内侧进行彻底的打磨。磨过的地方颜色会稍微变深。

9 用小刀进行修整。所有的边角都做倒角处理，竹节处也要修整。

11 竹片干燥后（刚切好的时候有湿气），用 #180 的砂纸进行整体打磨，竹节处和拐角周边打磨的强度要大一些。用手触摸竹片，确认没有毛刺残留。

12 用扫帚扫掉粉屑。

制作要点

外皮的削切，是最困难的地方

一 用劈刀削切竹片外皮时（步骤 7），为了稳定性更好需要削切出大片的平面。但是，必须注意劈刀不能太靠近竹片的内侧。失败的话，就多削切几片做练习来找找诀窍。

二 竹子内侧的一层薄薄的内皮（被称作竹纸）要完全剥除掉。不然，之后有可能发生起皮剥落的状况。

三 完成时尽量把毛刺打磨干净。表面处理得越干净，呈现出来的效果就越好。

竹坯完成。

完 成 涂 2 遍漆后完成（右边最下面那个涂了 3 遍漆）。

※ 关于涂漆的方法，请参考“初学者也不会产生过敏反应的简单的涂漆方法”（见 p.90）。

初学者也不会产生过敏反应的简单的涂漆方法

示范　森口信一

用竹碟（见 p.86）的涂漆作为示例，介绍一种即使是初学者也不会产生过敏反应的简单的涂漆方法。使用的工具基本上都可以在家居中心等地方买到。对于嫌准备工作太过烦琐的读者，有简易的涂漆套装销售（见本页下方）。

示范者是森口先生（见 p.102）。他曾经指导约 200 名工艺专业的学生进行涂漆操作，只有 1 人过敏起了皮疹，而且据说是因为“这是一个没有听从我指导的学生”。

要注意！

根据个人体质的不同，有的人可能会对漆产生过敏反应。即使是有经验的涂装师，也有可能在身体状况不好时，出现类似“做了 30 年，第一次对漆过敏起疹子”的情况。这次介绍的是尽量避免因为漆而产生过敏反应的涂漆方法。但是即使按照要求涂抹了护肤霜，也有可能由于个人体质的不同而产生过敏反应，对于这点敬请留意。

工具

涂装台（台上贴布，用绳子将布捆包好。布脏了可以更换。一般来说应该把作品放在涂装台上进行涂漆操作，但因为这次的材料是比较轻的竹子，所以没有使用专门的涂装台，而是直接在稍做处理的工作台上涂装）
口罩
PVC 手套（使用后扔掉。建议用稍微大一点的）
劳保手套
袖套
托板（把涂好漆的物品放在上面进行搬运）
漆（瓶装）
盛放漆的容器
煤油（作为清洗剂使用）
松节油
盛放煤油的容器（用于清洗毛刷）
护肤霜
毛刷
油漆刮板或刮刀（用于刮去毛刷上附着的漆）
厨用纸巾
塑料袋（大）
胶带
PP 板（聚丙烯板）
报纸
塑料容器（大容量，带盖）
园艺用地板（这次使用 2 块，尺寸为 30cm × 30cm × 3cm）
毛巾（数条）
温湿度计
软棉纱布（布片）
耐水砂纸（#800 或 #600）

制作方法

制作干燥箱

（漆在相对湿度为 70%~80% 时最容易干燥。利用塑料容器制作干燥箱）

1　在塑料容器的底部铺上毛巾，上面放 2 块园艺用地板。

2　把湿润的毛巾挂在容器的两侧，毛巾下部用地板夹住。在地板上淋水。这是为了提升容器内的湿度而做的准备。

3　放入温湿度计，盖上盖子。数分钟后容器内壁会出现水珠。

※销售简易涂漆套装的商店：漆问屋株式会社加藤小兵卫商店（京都市下京区松原通富小路西入松原中之町478　TEL 075-351-1932　http://kato-kohei.com）。

涂漆前的准备

4 把塑料袋铺在工作台上并用胶带粘住，然后铺上报纸。在上面放上光滑面朝上的 PP 板。

5 把脸（包括耳朵、脖子）和手等裸露在外的部分全都涂上护肤霜，戴上口罩。按照袖套、PVC 手套、劳保手套的顺序穿戴好。

6 在倒入了煤油的容器中清洗毛刷。用油漆刮板将刷毛捋顺。盛放漆和煤油的容器，要提前用软棉纱布擦拭干净。

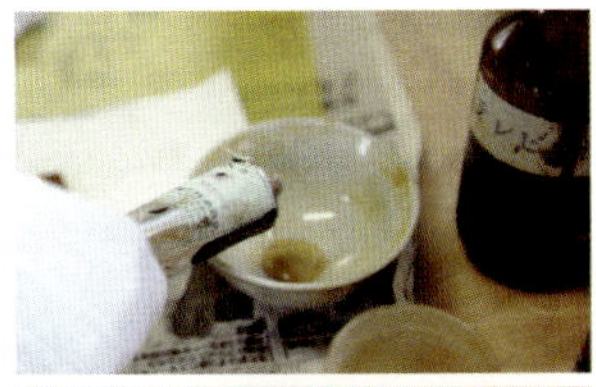

7 把漆倒入容器中，再倒入和漆等量的松节油进行混合。若希望漆膜比较厚，可以减少松节油的用量。

涂漆和干燥

8 先涂抹外侧。用毛刷进行涂漆。为了让竹坯充分吸收漆，涂漆后要静置几分钟。用软棉纱布把浮漆大概擦拭掉，然后涂抹内侧。图中的竹碟涂了 2 遍漆。

制作要点

干燥箱的湿度设定非常重要

一 即便是塑料容器，也能够成为非常好的干燥箱。先让容器内充满湿气，当容器内的相对湿度稳定在 70% 左右时，放入作品。

二 涂漆完成后静置多长时间再整体擦掉浮漆，需要根据情况而确定。湿气大的场所，所需时间就短一些。在有空调的房间，为了让漆浸润到竹坯里，则要多留出一段时间。断口的截面处非常容易吸收漆。

三 为了不因漆引起过敏，尽量不要让皮肤裸露在外。裸露的地方要擦护肤霜进行保护。涂漆完成后也不要大意，应把使用过的手套等进行妥善的处理和收纳。

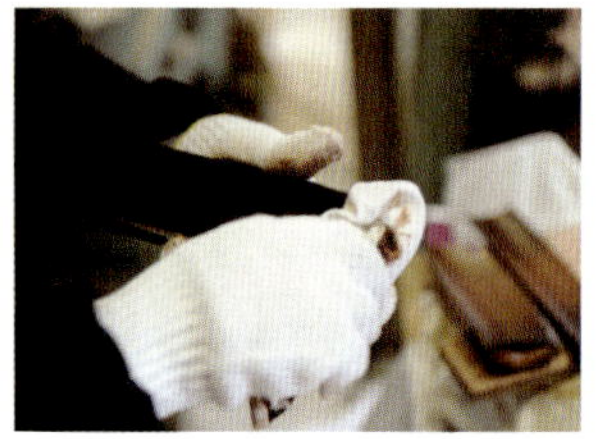

9 静置一段时间后，整体用软棉纱布细心地擦拭。

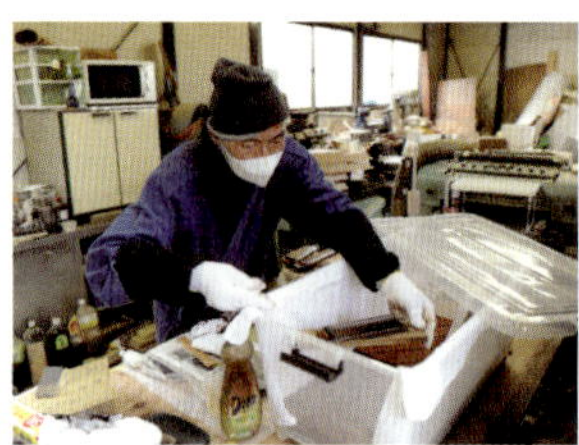

10 把作品放到托板上后放入干燥箱（湿度正在上升的塑料容器）中，把盖子盖严。

※ 在涂完第 1 遍漆后要打磨一下，再涂第 2 遍漆。

第 1 遍涂漆干燥后，开始用砂纸（耐水砂纸 #800 或 #600）打磨。把毛刺打磨干净后，用拧干的毛巾擦拭，晾干后涂第 2 遍漆。

收尾

11 清洗毛刷。把毛刷蘸上煤油，按在 PP 板上，用油漆刮板把刷毛中的漆和煤油挤掉。这样反复几次。当煤油的颜色变成浅浅的酱油色后，把毛刷放到厨用纸巾上慢慢地按压数次。

12 把 PP 板光面用厨用纸巾擦一遍，容器、油漆刮板也擦一下，然后用软棉纱布擦拭干净。

13 小心地脱掉劳保手套和 PVC 手套。这里脱的方法是关键。PVC 手套要从前端一点一点地拽着脱下，不要用手直接触摸其表面。使用后的 PVC 手套放入塑料袋中扔掉。袖套也要小心脱掉，和劳保手套一起放入塑料袋中，之后再用洗衣机清洗。

14 将作品从干燥箱中取出。第 1 遍涂漆需在干燥箱中干燥 2 天，第 2 遍和第 3 遍涂漆需干燥数小时（视具体情况而定）。

完成 竹碟的背面。最下面那个涂了 3 遍漆。上面两个涂了 2 遍漆。

5

儿童用的餐具

儿童用的餐具

川端健夫的幼儿木碗、餐勺和叉子

木碗直径8~9cm，高4cm。餐勺长12.5cm。表面擦油。

川端先生的长子出生时，产科医生提议，“既然先生是做木工的，用木头做个餐勺试试吧”，于是他开始着手制作餐勺。

小号木碗的材质是樱桃木。表面擦油。直径9cm，高4.8cm。

前田充的小号木碗和餐勺

幼儿餐勺（左侧7支，长15cm）和儿童餐勺（右侧3支，长13.5cm）。材质分别为樱桃木、栎木和黑胡桃木。表面擦油。

幼儿餐勺是父母拿着舀起食物喂到孩子嘴中来使用的。儿童餐勺则是孩子自己拿着使用的。

日高英夫的离乳食品用餐具

日高先生是从 20 多年前长女出生时开始制作儿童用餐具的。一直都使用桐油和亚麻籽油等混合而成的木蜡油进行表面涂装。

碟子的材质为日本山樱。边缘较高的造型起到了防滑的作用。底部大面积的平面部分使摆放更安稳。直径 14cm，高 3cm。

杯子的材质为日本桤。直径 9.4cm，高 4cm。孩子长大后，还可以作为盛放酸奶的器具使用。

餐勺和叉子的材质为日本山樱。长 13.2cm。

叉子的前端，考虑到儿童使用的安全性，最初是做成圆头的。但是，这样就不方便插取食物，所以又改良成了稍微有一点尖的形状。孩子使用起来很方便。

茶点马克杯

示范 户田直美

孩子们可以用来喝酸奶，或在茶点时间用来盛放小点心。虽然容量不大，但是也可以用来盛放汤或茶。

这是作为设计师和木作职人的户田女士（见 p.114）为上幼儿园的女儿制作的。

茶点马克杯。直径 9.3cm，高 4.5cm。

材料

胡桃木（这次使用的木料尺寸为 13.5cm×9.5cm×4.5cm。手边若有大小相近的木料即可使用）
皮绳
小树枝（或碎木块等）

工具

工作台
木工夹
橡胶锤
圆凿
剜凿
雕刻刀
小刀
电钻（5mm 直径钻头）
木工角尺（或宽座角尺、直尺）
袖珍刨
木块（木片）
圆规
双面胶
铅笔
橡皮
防滑垫
砂纸（#150）
核桃油
布片
手锯

制作方法

用铅笔画线

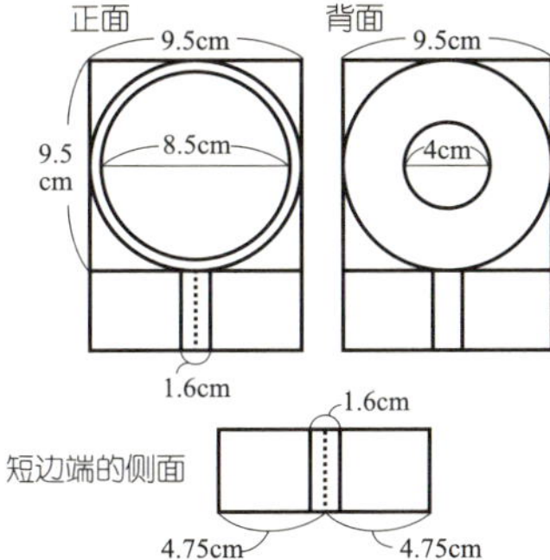

1 在木料的长边上测量出9.5cm。然后连接正方形的对角线找出中心点。握把部分的宽度是1.6cm。

2 用圆规画一个直径9.5cm的圆和一个直径8.5cm的圆。

3 木料的背面也画上对角线，找到中心点。画一个直径4cm的圆。侧面也画上9.5cm的线，以及握把的宽度1.6cm的线。

内侧的雕凿

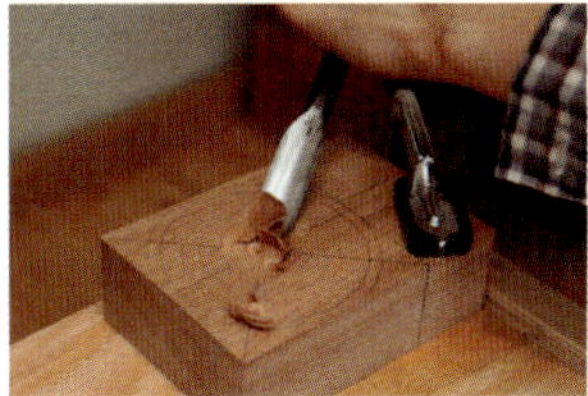

4 把木料放在工作台上，用木工夹固定（木料下最好垫上防滑垫）。用橡胶锤敲击圆凿，顺着木纹方向进行雕凿。最初的时候凿子要斜一些，没有遗漏地将中心区域全部雕凿到。若遇到逆纹感觉雕凿困难，就停下来从反方向进行雕凿。

5 中心区域雕凿到一定程度后，从直径8.5cm的圆的画线处开始，从外向内进行雕凿。圆凿竖着凿入，然后再一点一点地倾斜。剜凿则是用来沿着圆的画线进行雕凿的。

6 雕凿到一定深度后，用手推按剜凿进行铲削。左手的手指放在剜凿上，以向下压的感觉施力。

7 进行到一定程度后，测量一下深度。深度达到3cm左右时，内侧的雕凿就先进行到这里。

锯切木料的边角

8 把需要切除的边角部分用铅笔大概画出，侧面也需要画出。

9 把木料用木工夹固定，使用手锯切下边角。握把的部分，先从正面成直角切下。

外侧的凿削

10 在距离上沿 1cm 处用铅笔画一条线。

11 从侧面到底面，把要削去的部分用铅笔画上斜线。

12 保持倒扣的状态用木工夹固定。用圆凿顺着木纹方向凿削掉画着斜线的部分。凿削到距上沿 1cm 处的画线为止。

13 在握把和杯子连接的部分画上线，用圆凿削去多余部分。

14 要避免外侧凿削过度造成杯壁过薄，凿削过程中要不时地确认一下。

15 在距离上沿 2~3mm 处用铅笔画一条线。然后参照这条线用圆凿凿削。

16 凿削到一定程度后，改用小刀沿着外侧轮廓移动切削来调整形状。

17 握把和杯子的连接处用雕刻刀或小刀切削出合适的圆度。

18 握把整体用小刀轻轻切削。

19 有袖珍刨的话，把外侧大致刨一下。

完成木坯的制作

20 外侧处理完成后，开始处理内侧。在外沿向内约 3mm 处用铅笔画线。参照这条线用手推按剜凿铲削内侧。

21 将握把用手锯截短至合适的长度。

制作要点

握把和杯体连接的部分处理得好与坏，是决定整体效果的关键

一 不要过于拘泥于细节。整体的协调是很重要的，制作过程中应不时观察确认。

二 外侧部分对圆度要求比较高。一边在心里默念着“圆形圆形”，一边用刃具沿着木头的外侧轮廓移动切削。使用小刀时，刀刃一边做平削的动作（使切削出的木屑呈卷起状态）一边把外侧整体弄平整。

三 握把和杯体连接的部分的处理比较关键。一边想象着在一个圆形器皿上插入一块方形木板的样子，一边从圆形部分开始切削。

四 杯子边缘的截面，尽量处理工整。一边修整平滑，一边找圆。内侧的底部，则保留坑坑洼洼的样子就挺好。

22 整体用小刀进行倒角处理，调整造型。

23 用 #150 的砂纸整体打磨。可以把砂纸卷在木块上，或者用两块砂纸的背面夹住双面胶，形成正反面都可以用来打磨的辅助工具，可以多应用一下这些技巧。

打孔，表面涂装

24 确定串绳孔的位置，做标记。用电钻打孔。钻头从上方垂直打入。

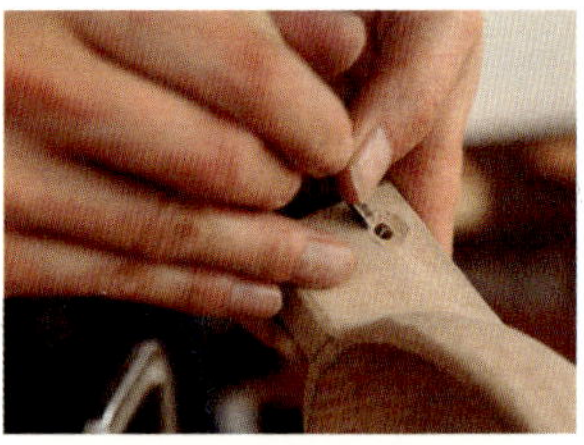

25 在孔的周边稍微做出一些凹陷。用铅笔画出大概的圆形，用雕刻刀简单雕刻一下。木坯制作全部完成。

26 用布片擦拭掉木屑，擦上核桃油。

完成 在孔中穿上皮绳，再穿好小树枝（提前打好孔），完成。

握把可根据喜好做成各种样子。用各种木材制成的茶点马克杯。

6

盆、托盘

强力的雕凿痕迹
与栗木色调的完美融合

森口信一的我谷盆

Moriguchi Shinichi

森口信一（もりぐち しんいち）

1952年出生于北海道。在京都市立艺术大学美术学部雕刻科学习木雕。毕业后，参与了桂离宫“昭和大修理”等修复工作。1982年成为独立木作职人。2000年开始我谷盆（wagatabon）的研究和制作。

我谷盆。材质为栗木。34.5cm × 16cm × 3.5cm。木坯用草木灰溶液浸泡后，表面涂上特制的栗漆。

带着些许朴拙，用圆凿强力雕凿出的几乎笔直的痕迹整齐地排列着。手工的痕迹和栗木的纹理交织在一起，朴素中给人一种值得玩味的视觉冲击。

我谷盆是石川县的山中温泉附近的我谷村的村民制作的一种器具。盆的名字，是从地名的简称“wagatabon”而来的。1965 年，大圣寺川上游的我谷水坝建设完成，我谷村由于处于大坝的底部而被水淹没。村里的人移居到各地。与之相应，我谷盆的制作者也越来越稀少。对于这种盆，木漆工艺家黑田辰秋曾称赞它是“天衣无缝的作品”。

森口先生对我谷盆的沉迷，始于制作残留有雕凿痕迹的木雕盆。森口先生曾师从黑田辰秋的长子黑田乾吉学习漆工技法。老师去世后不久，森口先生拿着木雕盆去拜访乾吉的夫人，夫人看到后说“跟我谷盆很像”。从那以后，森口先生就开始留意我谷盆的事情，搜集相关的资料，与相关的人面谈，开始了对我谷盆的研究。当然，

森口先生收藏的我谷盆旧作。据推测是 100 多年前在我谷村制作的。用烟熏过，颜色非常漂亮。之前为黑田辰秋所藏。43cm × 30cm × 3.5cm。

我谷盆，33cm × 23cm × 3cm。

我谷盆，30.5cm × 23cm × 6.5cm。

我谷盆，43cm × 29cm × 4cm。

他也亲自做了几个我谷盆。可以说在日本他算是我谷盆相关研究和制作这两方面的第一人。

“我谷盆是自由的东西，不是那种什么都规定好了的器物。外形及大小也是根据木料的形状来确定的，会对着木料比量凿子的宽度，估摸做成什么样子比较合适，像这样自己一边思索一边制作，所以丝毫不会觉得厌烦。不同的人可能会采用不同的制作方法，因为是自由的东西，所以实际上手做的时候就会逐渐明确自己的想法。”

虽然如森口先生所说是“自由的”，但一般需满足几个要素才能被称作我谷盆。不过也的确存在没有满足要素的我谷盆。这正是我谷盆的自由性的体现吧。

首先，要准备一块木料。从木材种类上来说，基本上都是用栗木制作。可能是因为我谷村周边生长着很多栗树，并且栗木更容易切削。森口先生也尝试过使用过去的方法，把切成段的栗木用劈刀劈开，再进行制作。“过去把木材中好的部分切下用来做屋顶，剩下的部分就做成了盆。”

其次，我谷盆是手工刳挖而成的刳物。虽然我谷村

用凿子雕凿栗木的森口先生。

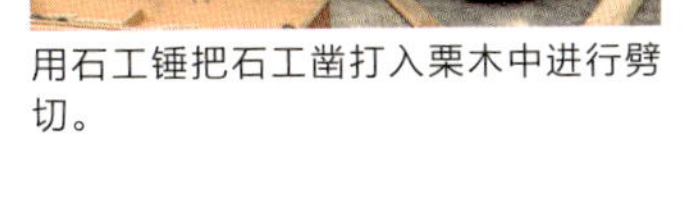

用石工锤把石工凿打入栗木中进行劈切。

以前在我谷村是使用劈刀来劈切栗木的，虽然森口先生也用过去的方法试验过，但是现在使用更加容易操作的石工锤。

根据切割方法的不同，木料的形状也有所差异。所以，做出的盆的大小也不一样。这也可以说是我谷盆的特点。

距离木旋制品的产地山中很近，但是我谷盆是不用旋床加工的。它也不是指物。而且，我谷盆下面的部分（底部）和竖起的部分（侧壁）的内侧和外侧均保留有圆凿雕凿的痕迹。外形则基本上是长方形或正方形。

“表面涂装的方法多种多样。涂漆，涂抹茶渍，或者保持自然的木本色。也留存有用烟熏过的我谷盆。村里的日常生活都围绕着地炉，所以也可以说我谷盆是从山村的生活方式中诞生的盆。”

森口先生用一种独特的方式来进行表面涂装。把木坯放入草木灰溶液里浸泡后，再用自己特别调制的栗漆进行表面涂装。涂装后形成沉稳的枯木色。森口先生的我谷盆的着色，是蕴含着秘密的。

我谷村的村民从江户时代就开始在日常生活中使用我谷盆。即使是现在，它也是日常生活中非常普通的一种用具。放上茶水杯和小点心，轻轻地摆在客人面前，令客人生出一种安心的感觉，这样一下子就拉近了彼此的距离吧。

佃真吾的我谷盆

最近，出现了几位制作我谷盆的木作职人。住在京都的木作职人佃真吾就是其中之一。下面介绍几款继承了传统我谷盆造型的作品，以及突出佃真吾色彩风格的作品。

我谷盆的深盆（midarebon）

材质为栗木。27cm × 27cm × 7cm（高）。“我谷烟草盆（tabakobon）”的仿制品。表面用夜叉五倍子（*Alnus firma*）的果实的煮液涂了 2 遍。

体现出佃真吾色彩风格的我谷盆

材质为栗木。（大）33cm × 33cm 。（小）24cm × 24cm。痕迹故意雕凿得比较浅，表面涂装呈现出京都的风味。洗练的造型表现出佃真吾的原创风格。“要制作在这个时代也可以使用的东西。”

盛器（与我谷盆不同）

材质为栗木。表面用夜叉五倍子的果实煮后的汁液涂装。25.5cm×20.5cm×5cm（高）。

我谷盆

传统的我谷盆造型。材质为栗木。表面涂漆。30cm×20cm×3cm（高）。

协助摄影：夏椿

我谷盆

示范　森口信一

质感绝佳且造型朴素的我谷盆。花一些时间慢慢地雕凿，即使是初学者也能够做出原创的我谷盆。在有“我谷盆第一人”之称的森口先生（见p.102）的指导下，试着做一个我谷盆吧。

我谷盆。30cm×24cm×2.5cm（高）。

材料

栗木（这次使用的木料尺寸为30cm×24.5cm× 2.5cm。手边若有大小相近的木料即可使用）

※如果木料非常干燥，在水中浸泡1天会更容易雕凿。

※纹理比较直且跟长边平行的木料最好。

工具

刨子
木槌
橡胶锤
圆凿（刃长6日分，即约18mm）
平凿（刃长1日寸2日分，即约36mm）
平凿（刃长8日分，即约24mm）
铅笔或圆珠笔
夹背锯
宽座角尺（或木工角尺）
木工夹
木方
※可把木方用木工夹固定在桌上，作为工作台使用。把木料顶住木方，用凿子进行雕凿。当然用工作台也可以。
蜻蜓（在木棒中央打孔后插入竹棍而成的工具）

制作方法

画线

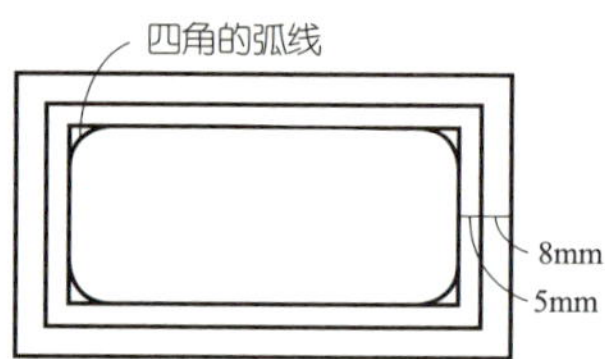

1　在木料的正面，用铅笔或圆珠笔徒手画上线（徒手画困难的人可以用尺子）。在距边缘8mm处画线，然后在再向内侧约5mm处画线。四角画出弧线。

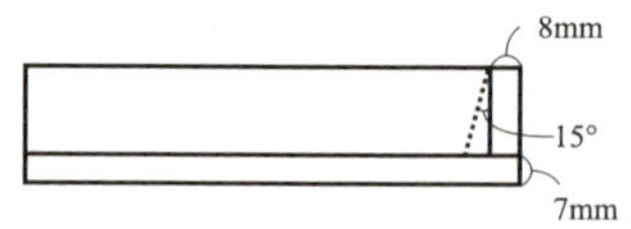

2　木料的侧面，在距底边7mm处均画上线。木料短边端的侧面，在距侧边8mm处画上竖线，再从竖线的上端点开始以15°的角度画斜线。

内侧的雕凿

3 把木料顶着木方，用木槌敲击圆凿进行雕凿。从靠近侧边中点的位置开始雕凿。首先，从短边开始顺着木纹的方向雕凿。切削出的薄木片保持原样留在那里即可。

4 接下来从长边开始雕凿。然后再从短边开始雕凿。就这样交替地进行。雕凿到一定程度后，一次将残留的切削出的薄木片全部削掉。

5 雕凿好约 80% 的区域后，开始一点点地雕凿剩下的周边区域。这时要把圆凿竖立起来使用。

6 四角的圆弧部分，把圆凿竖立起来进行雕凿。

7 四周的直线部分使用平凿，把平凿竖立起来，沿着画线垂直切落。

8 底部中间的部分，把圆凿尽量放平进行雕凿。

9 使用蜻蜓确认深度。以两端的中间部分的深度作为基准点。

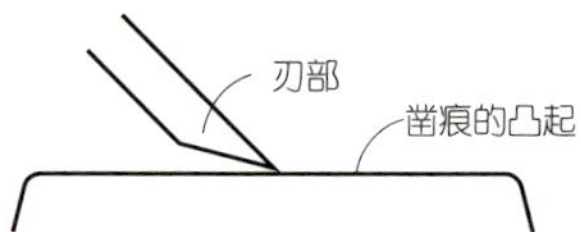

10 用平凿把圆凿留下的凿痕的凸起铲平。平凿保持倾斜使刃部与木料形成一个较小的夹角。

11 时常从远一些的地方查看整体，并用手触摸以确认整体是否协调。

12 再次处理四角的圆弧部分。沿着画线用圆凿在内侧面垂直切落。

13 短边的直线部分用圆凿垂直切落。

14 底面与短边内侧面的交接处，用平凿彻底修整平整。

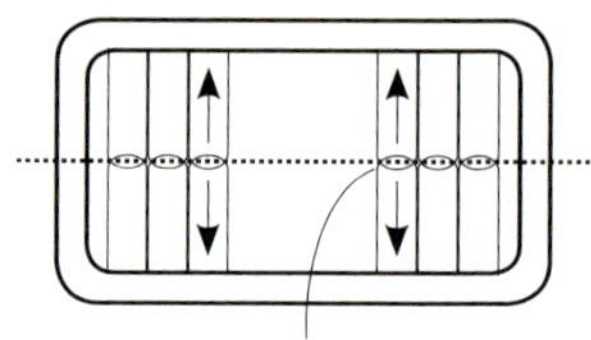

15 沿着与短边平行的方向，从两端开始用圆凿对底面进行雕凿。从底面的中线附近开始，向着一侧长边的方向雕凿。雕凿几条以后再反向向着另一侧长边的方向雕凿。

制作要点

采用目测的方法进行制作，但是底部的厚度要用工具进行确认

一 木料用生木最理想。如果木料比较干燥，用水浸泡以后会更容易雕凿。

二 尺寸的确认采用目测的方法，大体上感觉正确就可以了，因为我谷盆本就是自由创作的产物。但是深度和底部的厚度要不时用工具进行确认。

三 凿子的使用方法要随机应变。处理边缘时凿子要垂直切落。敲击凿子时，最初哐哐地进行粗雕时用木槌，快完工时用橡胶锤。

四 要适时清理切削出的薄木片。如果任由它们残留在木料内，会形成杠杆作用，可能会让底部突然断裂。

16 从两端开始分别进行雕凿，到了快到中间部分还剩几个线条没有雕凿时停下来。考虑一下剩下的部分雕凿成几条，比如是 3 条还是 4 条。通过目测，调整线条的宽窄程度。

17 底面完成后，根据底面的雕凿痕迹雕凿长边的内侧面，使雕凿痕迹相互接合。

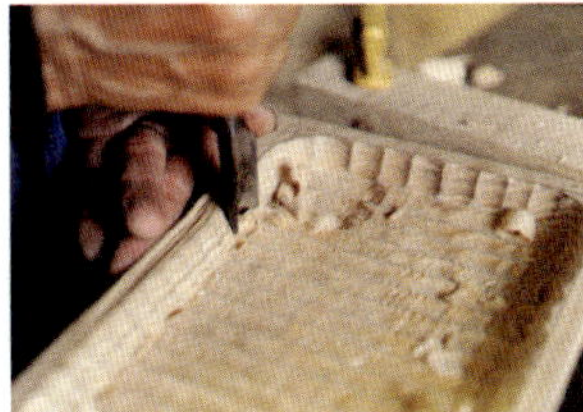

18 底面和内侧面的交界处要处理工整。用圆凿从底面直接吃进内侧面一些。用圆凿从上方切除切削出的薄木片。

外侧的凿削

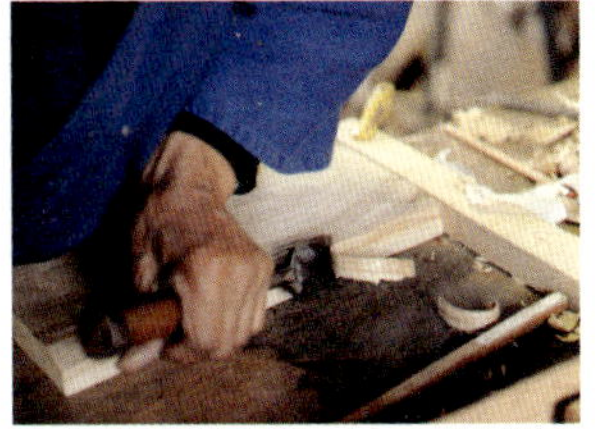

19 换到背面，用平凿凿削外侧面和底面交接的边角。

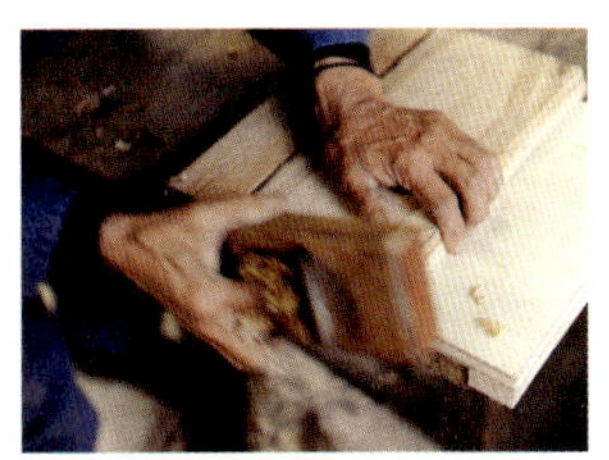

20 用刨子对短边端的侧面进行刨削，使其具有轻微的倾斜度。用宽座角尺（或木工角尺）确定角度。

内侧完成。

21 底面用刨子轻轻刨几下。

22 把四个角用夹背锯锯掉。之后用平凿修整平滑。

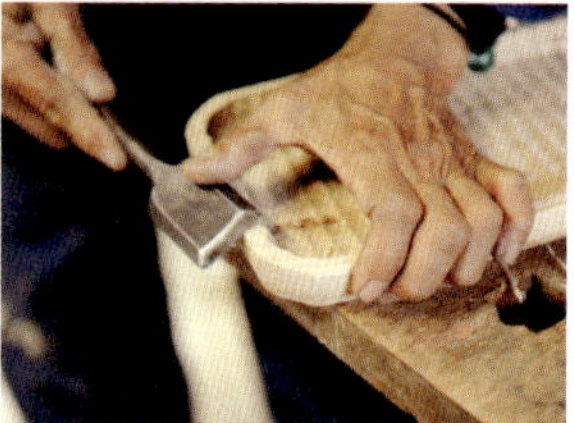

23 用平凿对背面的边角处和正面的边缘处进行倒角处理。

完 成 表面即使不做涂装也很好看，当然也可以涂上柿漆。

盆和托盘

濑户晋的圆盆

直径 24cm。材质为榆木和刺楸等。

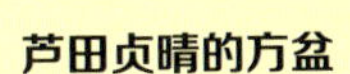

芦田贞晴的方盆

材质为枫木（前面）和樱木（后面）。表面擦油。27cm × 15cm。

大门严的六边形托盘

在栎木的基材上，镶嵌了黑檀、黄杨、非洲花梨等 6 种木材（盘边的杂色装饰条）。单边长 19.5cm。

大门和真的方形托盘

30cm × 30cm × 2cm。材质为黑胡桃木。关键点是四角采用了枫木三角键片斜接的工艺。

长方形托盘上摆放着袖珍碟、茶点马克杯和木勺。

将翘曲的栎木板进行简单粗犷的加工

户田直美的长方形托盘

Toda Naomi

户田直美（とだ なおみ）

1976 年出生于兵库县。毕业于京都市立艺术大学美术学部工艺科漆工专业（木工课程）。同校研究生毕业后，师从于制作漆艺家具的木作职人。2001 年成立工坊“potitek”。

“器皿和餐勺的制作充满了乐趣。这和做家具时的心情是不同的。不会过度投入地花费太多的力气来进行制作。”

户田女士经常为咖啡馆等店铺进行家具设计和制作。在制作的间隙，也会做一些托盘和袖珍碟等。在丈夫上田太一郎经营的酒吧的二楼，户田女士举办过同年龄层的女性参加的木工讲习班。在制作餐勺等用具的讲习班结束后，接下来就是茶会时间，这好像已经成了女性社团的规定一样。

“讲习班上会教大家制作举办茶会所需的用具及和食物有关的器具，气氛总是很热烈。因为都是喜欢制作料理的人，所以会获得很多具体的建议，非常有参考价值。制作了一个这样的碟子，在这么小的碟子上摆放什么才好，对于类似这样的问题大家会提出各种各样的意见。”

长方形托盘保留着简单粗犷的感觉，正如开篇户田女士说的那样，不会过度投入地花费太多的力气来进行制作。

“设想的是一种在比较随意的立食聚会上使用的，不是中规中矩的那种托盘。即使把杯子放在上面也显得刚刚好。”

木料是学生时代购买的栎木板。做家具的话有点窄就没用到，一直保存着。过了十几年，虽然木料已有少许翘曲，但也恰巧呈现出一种很棒的感觉。切成约20cm×15cm的大小。四个边的侧面都做成斜面。虽然非常简单，但是充分体现出户田女士的品味。

讲习班结束后，接下来就是愉快的聊天茶会。右边是户田女士和长女双叶。

长方形托盘也可以作为蛋糕盘使用。

袖珍碟。材质为黑胡桃木、光叶榉、日本七叶树等。

拿着长方形托盘的户田女士。

动手做做看 8

长方形托盘

示范 户田直美

可以体现出木材质感的小托盘。可以放上杯子或袖珍碟，也可以直接盛放小点心和小菜，是一款万能的器具。不要拘泥于尺寸和刨削痕迹，粗略地做做看吧。

作为示范者的户田女士（见 p.114），在京都定期举办面向女性的木工讲习班。

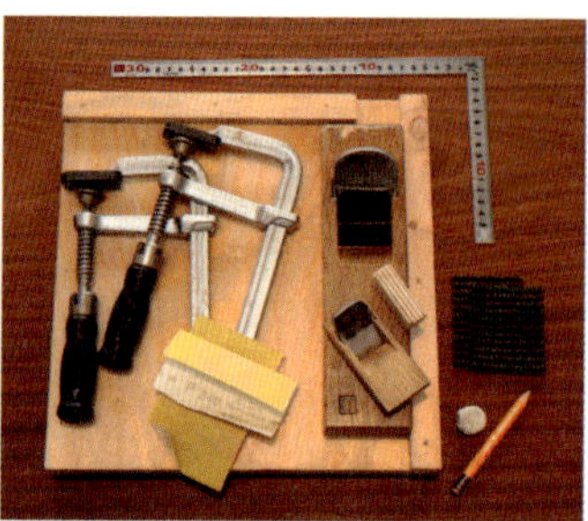

材料

栎木（18cm×14.5cm×1cm）

※这次使用的是稍微有一些翘曲的老木料。

工具

工作台
木工夹
刨子，袖珍刨
木块（木片）
木工角尺（或直尺）
铅笔
橡皮
防滑垫
砂纸（#150、#240）

制作方法

1 在木料的侧面用铅笔画线。把铅笔平贴在工作台上，在距木料底边 3~4mm 处画线。

2 木料翻至背面朝上，在距边缘 15mm 处用铅笔画线。

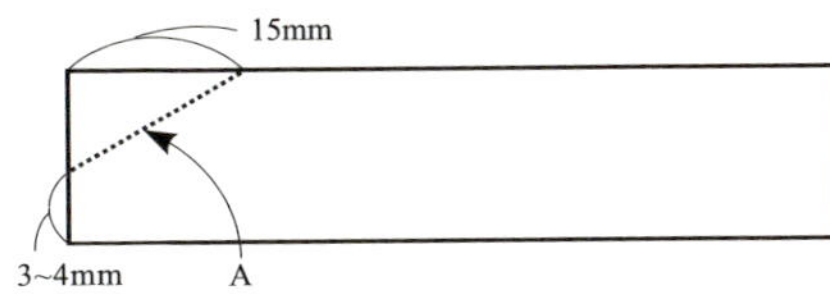

3 把木料用木工夹固定在工作台上（木板下面最好垫上防滑垫）。用刨子刨削出一个倾斜面，倾斜面是由背面 15mm 处画线和侧面 3~4mm 处画线连接而成的（A）。刨削时需特别注意不要超过侧面 3~4mm 处的画线。先从长边开始刨削。

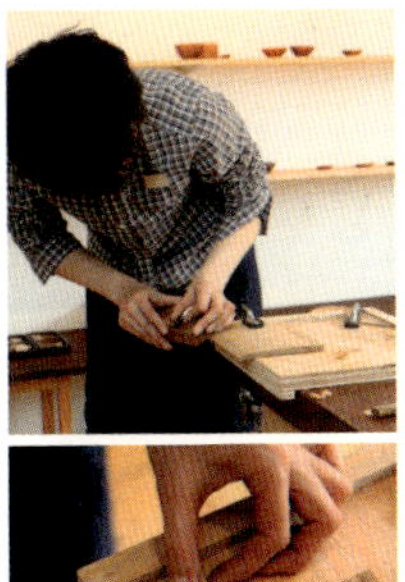

如果木料有翘曲，翻到背面时可在木板和工作台形成的空隙中插入薄木片，再在垫薄木片的地方用木工夹固定，即可防止木料受力后折断。

4 刨削到一定程度后，换成袖珍刨，一边查看整体的情况一边刨削。

5 刨削好长边后接下来刨削短边。刨子斜放，沿着直线的轨迹做往怀里拉的动作。刨削到一定程度后换用袖珍刨。刨削中遇到逆纹时，变换木料的方向，从反方向进行刨削。

刨削好的状态。

制作要点

不要拘泥于细节，简单粗略地制作即可

一 不要过度制作。为了充分展现老木料的优点，要抱着“稍微用刨子处理一下”的心态。

二 虽说是“简单粗略地制作”，但要把侧垂直面（最终的宽度是 3~4mm）处理工整，这样就会显得漂亮很多。

三 用刨子刨削倾斜面时，不是一次完成的，是一点一点地进行的。

6 把 #150 的砂纸卷在木块上，对刨削的痕迹进行简单的打磨。从四个角的斜线与底边交接形成的顶点开始打磨。把侧面 3~4mm 画线处修整成直线。之后对所有的直线处进行倒角处理。

7 用 #240 的砂纸对整体进行打磨修整。做得稍微细致一些，使整体看起来更漂亮。

完 成 没有进行表面涂装，保持着木坯的原始状态。

※ 盛放带油的食物时，最好铺上纸巾或擦上核桃油。

7

杯子、片口碗、锅盖、锅垫……

为了在山上喝到美味的咖啡，对木柴进行简单粗犷的加工

三浦孝之的马克杯

Miura Takayuki

三浦孝之（みうら たかゆき）

1977年出生于北海道。北海道大学农学部大学院畜产学科博士。一边在都内农学系大学当讲师，一边研习马克杯等木制器皿的制作技术。和妻子润女士（陶艺）共同创作的作品入选了第51届日本传统工艺展。商号为“Hanamame”。

这款马克杯工艺简单，有一种残留着雕凿痕迹的粗犷风格。抱着“在户外心情愉悦地饮用可口的咖啡和美酒”的想法，三浦先生开始了木杯子的制作。把杯子挂在登山包的外面走在山路上，不时会听到路人赞叹“好可爱的杯子啊”。

“用心把杯子做成让人喜爱的造型。不是按照确定好的形状来制作，而是更重视与木料的既有形体相结合的感觉。”

一边砍着火炉用的木柴，一边凭着直觉去挑选可以利用的木料。栗木、樟木、樱木、胡桃木等，获得了很多在杂木林由于间伐或自然倒伏等原因而产生的木料。因为外形和尺寸的确定都是基于发挥木料自身的优点这个前提，所以无法做出完全一样的杯子。

作为木艺作品创作者的三浦先生，也是一名从事食品研究的大学讲师，称得上是一位跨领域的“木制马克杯创作者”。即使很晚才从大学回到家，也要拿起木料雕凿、切削……他会带着完成的作品去参加工艺品展或手工制品集市，来听取客户的反馈。

糖罐。小个的用来放调味品。妻子润女士负责制作陶器，三浦先生则制作木盖子。

握把的切削是一件很费功夫的事情。

杯子的中间部分，先用电钻打几个孔，然后再进行雕凿。

用樟木制作的马克杯。随着使用，樟木的气味会变得清淡而不那么明显。

三浦先生发明的做杯子用的辅助工具。

家的周围堆积着很多木柴。

一边背着爱犬 annko 一边制作马克杯。据说背着体重 12kg 的 annko 时，用凿子会很省力。

三浦先生（右）和润女士（左）在起居室喝咖啡。

马克杯的第一号作品。直到现在三浦先生也很喜欢用它。

试做中的有两个握把的马克杯。材质为胡桃木。内径 12.5cm。

三浦先生从小生活在札幌的郊外。受到喜欢大山的父亲的影响，经常会去攀登后山。可能是在这种环境中生活的缘故，从札幌移居到东京后，也选择了定居在可以看到山的高尾（八王子市）。在用大量的木头建造住所的时候，橱柜和家具全都是自己动手制作的，还设计了一个火炉。

“用斧头劈砍生木时会有水飞溅出来，能够感到木材也是有生命的。对树木变成木材的过程很好奇，渐渐地也对木头产生了兴趣……就考虑正经地做一做木工。一边研究食品的制作，一边试着制作木器。”

其他器皿及餐勺三浦先生偶尔也有制作，但就像前面介绍过的，抱着品尝咖啡和美酒的想法，他专心致力于马克杯的制作。最初，做了一个很工整的圆形杯子。但是有一次，从熟识的木作职人那里听到“有一些变形不也挺好嘛”这样的建议。后来在这位木作职人的家里做客时，看到他把比萨饼放在一块平淡无奇的木板上。“啊，这也不错啊”，或许器皿就该是这个样子的，不要被既有的观念束缚住。

“不想做成一成不变的样子，而是希望能够灵活变化。能够表现出具有自我个性的形态。虽然这种感觉很难用语言形容，但目标就是创造出让人拿在手里感到心情愉悦的造型。”

在芬兰北部居住的萨米人使用一种叫“kukusa”的木杯子。虽然，有时候会被顾客说和“kukusa”很像，但这确实是三浦先生仅仅凭着感性制作出来的原创的马克杯。

小巧中透着伶俐

古桥治人的木制瓶塞

Furuhashi Haruto

玻璃瓶的木制瓶塞。表面涂亚麻籽油。形状各不相同。有很多人在玻璃瓶中倒入调味汁或油，放在厨房使用。带有刻度的奶瓶还可以用于计量，所以被更多人喜爱。

古桥治人（ふるはし はると）

1972年出生于茨城县。毕业于日本大学理工学部建筑学科。曾在设计事务所供职，后在品川高等职业技术专门学校木工科学习木工。30岁前成为独立木作职人，开始家具制作。有一段时间在栃木县益子町设有工坊，现在在茨城县筑西市的住所设有工坊。

有葫芦形的瓶子，也有小个的奶瓶。全都是玻璃瓶子，瓶口紧紧地塞着木制的瓶塞。仔细看的话，设计上都有细微的不同。

“用车床先车制出圆棒，再根据瓶口的大小进行车制。到底做成什么样子，是一边做一边想的。不会去做同样形状的瓶塞。”

古桥先生最开始制作瓶塞和盖子，是源于在一次工艺品展览上和陶艺家的协同创作。当时试着给陶器车制的盖子获得了好评，接到了一些给玻璃器皿和用蔓藤编制的器物制作盖子的订单。

现在，古桥先生会亲自去玻璃制品经销商的仓库，挑选中意的瓶子，然后为这些瓶子一个一个地制作合适的瓶塞。

古桥先生的履历本来是从建筑设计开始的。之后，开始从事家具制作，现在则逐渐转到木制小物件的制作上来。

烧杯型玻璃容器的木制盖子。可以用来存放砂糖、盐、干货等。

盖子、荞麦猪口（吃荞麦面时用于盛放蘸汁的碗）、汤碗、茶铲等。材质为光叶榉，表面涂漆。最下面的碗，直径11cm，高6cm。

针山。材质为柏木和水曲柳。织物的部分，是作为编织工艺师的妻子真理子女士制作的。

正在工坊工作的古桥先生。他的商号是“manufact jam”，是表示制造厂的“manufactory”和表示音乐家即兴演奏的“jam”的组合。

“小的东西，跟自己的喜好比较贴合。能够拿在手里的东西会让人心情舒畅。可以快速地做出成品的感觉也非常好。”

喜欢收藏的古桥先生，在大学时代就经常出入古董市场。不光对于木制品，对烧制品、金属制品等都有兴趣。正是因为有这样的基础，在配合陶器或者玻璃器皿进行创作时就完全没有不协调的感觉。几年前，曾经居住在烧制品产地益子，那时和相识的陶艺家们的往来应该也起到了促进的作用。

古桥先生用车床车制出的小物件多种多样，都给人以小巧玲珑的感觉。瓶塞、盖子、水罐、针山……在日常生活中，这些小物件的存在确实让我们更便利了。

锅垫

示范 山极博史

把木料用橡皮筋连接起来做成的锅垫。因为部件不是紧固的状态，所以即使放置在不太平的地方也不影响使用。制作实例中只使用了樱桃木，若是用不同色调的木料组合在一起，就可以做成多彩的锅垫。

创立了个人品牌“utatane”的山极先生（见 p.18），以店里销售的锅垫为例为大家示范制作过程。

锅垫。 ※ 图中为黑胡桃木和枫木的组合。制作实例中只使用了樱桃木。

材料

樱桃木（60cm×3cm×1.5cm）
橡皮筋

工具

手锯
锥子
电钻（5mm 直径钻头，2~3mm 直径钻头）
角度测量工具
分度器
宽座角尺（或三角尺）
铅笔（自动铅笔）
木板（作为垫板）
卷尺
美工刀
剪刀
木蜡油（osmo 普通清油）
毛刷
布片
木块（木片）
砂纸（#180、#240、#320）

制作方法

切分木料及钻孔

1 把长度为 60cm 的木料，每间隔 12cm 画一条直线。侧面也要画上线。

2 用手锯按照画线把木料切成 5 段长 12cm 的木料。初学者为了更容易锯切，可以先在线上用美工刀刻出凹痕。

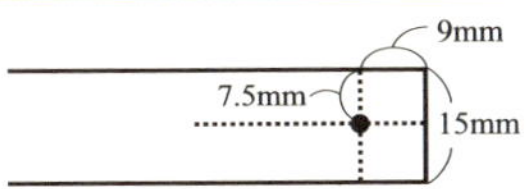

3 在短边（15mm）侧面的一端用锥子钻出标记。标记的位置是距离端面 9mm，处于短边长度的正中（即 7.5mm）的点。

4 在上面标记的点，先用电钻装上 2~3mm 直径钻头打一个贯穿的孔，之后再用 5mm 直径钻头把孔扩大。钻头要和木料平面保持垂直。

木料打孔端两侧切角

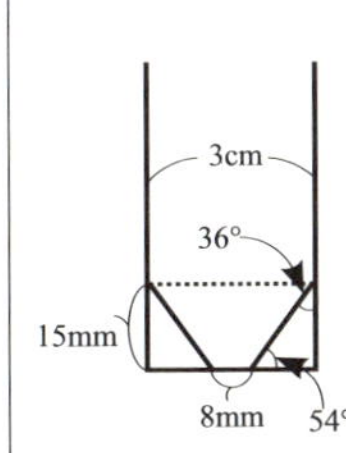

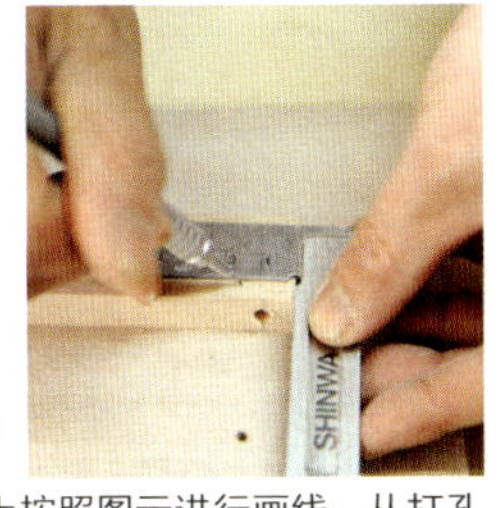

5 在 5 段木料上按照图示进行画线。从打孔端的端面开始量出 15mm 作为基点，利用角度测量工具画出 36° 的线。

※ 把 5 段木料组合在一起时，为了组成一个漂亮的圆形，木料打孔端的两侧要分别切去 36°的角，为组合在一起做好准备。因为是 5 段木料组合成的圆形，所以计算公式为：360°÷5（段）÷2（边）=36°。

※ 角度测量工具（可以在家居中心买到）的使用方法是，用分度器量出 36°的角，然后把角度测量工具设置成一样的角度后靠在木材上。

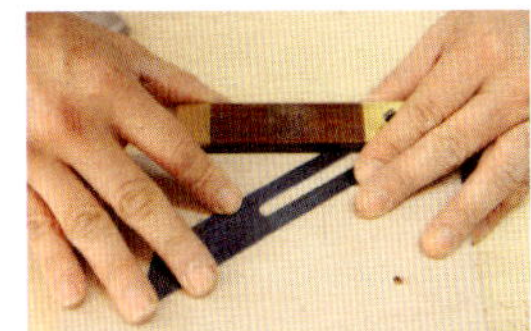

6

把木料放在木板上，用手锯切去 36° 的角。顶端留下约 8mm 长的平面。初学者最好先用美工刀刻出锯切的锯路。在木料的背面洒一些水，可以防止打滑。

锯好的 5 段木料。

制作要点

切去木料打孔端两侧的角，不要慌乱地切成另一端

一　木料切角的角度不要搞错。5段木料组合在一起，两侧各切去36°的角。4段木料时则各切去45° 的角。注意，要切去的是打孔端的角。

二　木料的最前端留有平面。当木料组合在一起时，中间会空出一些空间，这样可以留出活动的余量。

三　橡皮筋要抻紧后再打结。太松的话木料的组合会很松散。

打磨木料，涂上木蜡油

7 把砂纸卷在木块上对木料进行打磨。只有切角端用 #180 的砂纸打磨。整体打磨用 #240 的砂纸，把边缘做倒角处理。最后用 #320 的砂纸打磨。

8 木料的排列可根据纹理等情况进行考量和调整。

9 表面用毛刷涂上木蜡油。之后，用布片擦拭。

用橡皮筋穿起来

10 用 30cm 长（可用卷尺测量）的橡皮筋，穿过木料的通孔。

11 5 段木料都穿好后，把橡皮筋抻紧，打两次结。

12 打好结后，剪掉多余的橡皮筋。然后把结收进木料的通孔中。

完 成 因为 5 段木料是被橡皮筋连接在一起的，所以有一定的柔性，放在不太平的地方上也不影响使用。

木作职人们的作品

片口碗、水罐、荞麦猪口

古桥治人的水罐

当作酱油瓶、牛奶罐等均可，可以自由使用。
材质为光叶榉。表面涂漆。直径 6cm，高 4.5cm。

前田充的片口碗

表面擦油。直径 6.5cm，高 3.7cm。
材质为樱桃木和黑胡桃木。

濑户晋的酒杯和荞麦猪口

材质为连香木和水曲柳。当时是抱着自由消遣的感觉来制作的。
托盘的材质为黑胡桃木。

落合芝地的片口碗

表面采用莳地处理。直径 14cm，高 9.5cm。

居住在芬兰北部的萨米人使用的称为“kukusa”的杯子。材质为桦木。

8

花器、罐、箱

中西洋人的花器。材质为日本柞和赤杨等。最大的那个材质为樟木，用链锯加工而成，瓶口直径 44cm。

与裂痕和虫蛀共生的艺术

中西洋人的花器

Nakanishi Hiroto

中西洋人（なかにし ひろと）

1984 年出生于爱知县。高中毕业后在“森林木工塾”（岐阜县高山市）学习木工。2005 年进入 Oak Village 从事家具制作的工作。2008 年成为独立木作职人。在静冈县函南町开设工坊。2010 年在东京南青山的 DEE'S HALL 举办了“花的木器”个人展览。2011 年工坊迁至滋贺县长滨市。

使用的是邻居家院子里的已经枯朽了的栗木。

使用被虫蛀过的木料经过车床车制而成的花器。

（大）材质为杨木。（中）材质为栎木，表面涂装采用铁媒染的方式。（小）材质为栗木，表面涂装采用铁媒染的方式。（左）材质为红楠木。

非常具有视觉冲击力。虽说是花器，但是每件都有一些破损之处，比如裂痕、虫蛀或枯朽。尽管如此，柔和的弧形线条所构成的形态及所营造出的氛围，又让人在粗犷中感觉到一种雅致。

作为创作者的中西洋人，大胆地把枯朽的或虫蛀的木料用车床车制成作品。

“色泽和形状搭配协调的木料，破损得很有美感的木料，本身就是让人赏心悦目的器物。破损也可以表现出美。”

虽然也会购买木材，但是有时会自己砍伐附近倒伏的树拉回来，有时会从园艺工作者那里获得枯朽的木料。这样的收集方式，使得他拥有的木材种类非常多，樟木、樱木、光叶榉、柿木、栗木、枹栎、铁冬青……

“为了能得到木材，跟很多地方都打了招呼。把被丢

材质为红楠木。

材质均为光叶榉。上面的用钢丝球打磨过，金属中的铁使木材表面色泽偏黑。

中西先生的自宅兼工坊，是第二次世界大战前建成的金属框架的建筑物。

给山茶木的花器装上老式衣柜用的金属配件，挂在墙壁上。

材质为栎木，表面涂装采用铁媒染的方式。

正在用车床车制樟木的中西先生。

弃的木头和作为木柴使用的木头重新利用起来，是一件让人心情愉悦的事情。数数年轮的话，树龄 100 年以上的木头也混杂在其中。‘它们可是比我年龄还大的前辈，一定得好好地利用’，这样的心情是很强烈的。”

搜集来的木料，要根据切口的情况来决定做成什么样的作品。枯朽的或者虫蛀的木料，需要仔细思考如何着手。要考虑把哪个部分放在花器最显眼的位置。在用链锯切割之前就要在脑子里想象完成以后的样子。

“对着圆木审视的时间是很长的。因为一旦切开就没法再还原回去了。”

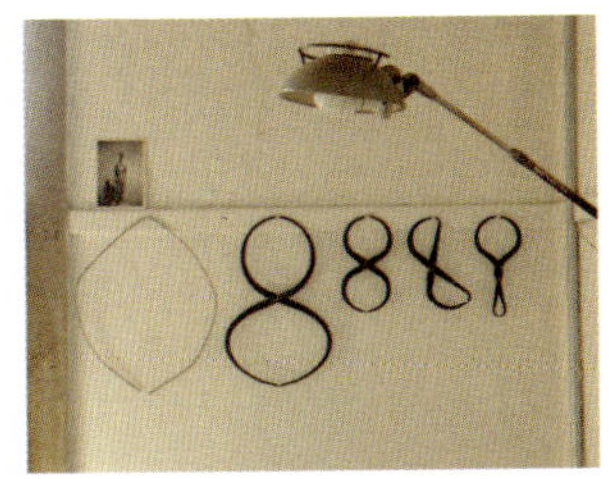

墙上挂着用来测量木料厚度的工具。

看到木料时迸发的灵感是很重要的吧。这其实是作为一名创作者所拥有并且迸发出的创作力。

中西先生为了观看弥生时代的古器皿，经常出入博物馆和考古学资料馆等地方。确实，中西先生的花器的线条与弥生式土器有着相通之处。所以，不难理解中西先生在内心深处对弥生式土器的那种喜爱，“喜欢弥生式土器干燥的质感。那样的线条真的是典范。罐口的处理也非常好”。

同时，中西先生的作品和德国工艺美术家恩斯特・甘佩尔的作品也有相似之处。被誉为“突破了艺术品和实用品的界线”的甘佩尔，其作品充分展现了木质素材的造型之美，在这一点上中西先生的作品与其是相似的。开始时从事家具制作，然后自学车床技术，两人的经历也很相似。但是甘佩尔的作品是西方风格的，中西先生的作品则总让人感觉到一种日式的味道。毕竟，他更多是浸淫于古代日本的弥生式土器之中的吧。

把圆木用链锯切成圆木段。

“没有忘记木头这种材料所代表的含义，想把木头的特征表现出来。即使是枯朽的和虫蛀的，也要好好地利用起来。”

本来就是觉得木工好玩，中西先生才踏上这条道路的。即使现在，他也希望“能够在享受乐趣的同时进行创作”。从作品上看，确实传递出了那种把内心的快乐和自由的精神融入创作之中的感觉。

仔细观察圆木的形态，一边设想完成后的样子，一边考虑如何取材。

※ 恩斯特・甘佩尔（Ernst Gamperl），1965 年出生于德国慕尼黑，是一名把倒伏木或者漂流木用车床加工成作品的艺术家。2009 年在东京六本木的“21_21 DESIGN SIGHT”举办的陶艺家露西・里（Lucie Rie）的展览上，以众多个性化的作品给参观者留下了深刻的印象。

木制罐。（右）uchitsubo。材质为黄檗木、神代光叶榉、黑胡桃木、刺楸等。高 70cm。（中）tanetsubo。材质为不同颜色的光叶榉。高 60cm。（左）ametsuchitsubo。材质为枫木、栗木、玫瑰木、非洲花梨木、神代光叶榉等 12 种。高 50cm。

展现不同木材的色彩风格，手工将它们组合在一起

宫内知子的木制罐和木制马赛克箱

Miyauchi Tomoko

宫内知子（みやうち ともこ）

1972 年出生于东京都。武藏野美术大学短期大学部专攻科陶艺课程毕业后，移居京都开始木工创作。用自己独特的方法创作木制的箱子、罐等作品，在日本公募展上多次入选、获奖。2011 年在京都府南山城村开设工坊。

杯垫。直径10~10.5cm。

木制马赛克箱。侧面所表现的是树木枝杈伸展的情景。（大）边长约10cm，高（含盖）10.5cm。（小）边长约7cm，高（含盖）8.5cm。

3层叠放的箱子。

非常便于把小物件分门别类地存放起来。

带盖罐。罐身由一块木料制成。直径6.8cm。

盖碗。碗身部分直径8.5cm，高4.5cm。

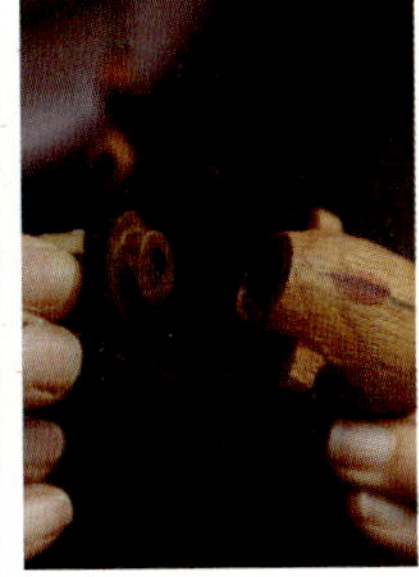

壶形吊坠。打开盖子的样子。可以放入香料等。

红色、白色、黄色、茶色……将各种颜色的木料组合镶嵌做成木制的罐和箱子。这些并不是染色的效果，而是活用颜色各异的木料，把它们组合起来而诞生的作品。制作方法与传统的寄木细工不同，是宫内女士用自己独特的方法创作出来的。外形看起来总有一种轻飘飘的蓬松感，充满着手工制品的美感。

“在考虑把木料接合在一起时，觉得完全平面之间的接合没有意思。于是想把稍微歪斜一些的东西接合在一起看看。”

然后，她想出了“铅笔涂黑接合”的方式：就是把要接合在一起的木料的一个面用铅笔涂黑，然后把另一块木料和它组合起来，再把印上黑色的部分削去，从而修整出接合面（见p.142）。从这种可以说原始的制作方法中，独一无二的宫内世界的作品诞生了。

会有这种想法的人，应该不会是专门学习木工技术的吧。的确，这正是在美术大学学习陶艺的宫内女士的创意。

“原本就很喜欢木头。在大学时期参加木工实习时就觉得木头很有意思。来到京都开始木工创作时，因为对于木材的知识完全不懂，就请教了很多人学习了很多东西。罐的话之前只做过陶艺的，就想试试能不能用木头来做。”

高70cm的“uchitsubo”和高60cm的“tanetsubo”，拿起的话会觉得非常沉重。即使是这样大的作品，也是用“铅笔涂黑接合”的方式一点一点做出来的，完全没有使用车床之类的机械。先把不同的木料拼接组合，再使用手锯锯切到差不多的程度，最后用凿子进行雕凿。

真的非常独特。宫内女士的作品，传递出一种木工的快乐。

餐具盒

示范 宫内知子

试着把不同颜色的木料组合在一起，做成一个餐具盒。宫内女士（见 p.138）为初学者示范平时会用到的制作方法。木料的组合是一项需要踏实完成的工作，一点一点地努力，最终就会做出漂亮的作品。

材料

（左）水曲柳（9cm×4cm×2cm）
（右）日本厚朴（9.5cm×4.3cm×2.6cm）
※这次用的是两种不同的木材。手边若有大小相近的木料即可使用。

工具

电钻（10mm 直径钻头，4mm 直径钻头）
平凿（刃长 20mm）
平凿（刃长 10mm）
平凿（刃长 6mm）
橡胶锤（或木槌）
手锯　木工用白乳胶（速干）
刮刀　毛刷　画笔　铅笔（6B）
橡皮　水　核桃油
软棉纱布（布片）　油性记号笔
砂纸（#180）　木工夹　木方

餐具盒。4.2cm×4cm×9cm（高）。

首先雕凿A料

1 在一种木料上（以下简称A料），用铅笔画上用于标示雕凿边界的线。每条线都画在距边缘约1cm的位置。徒手画就可以。

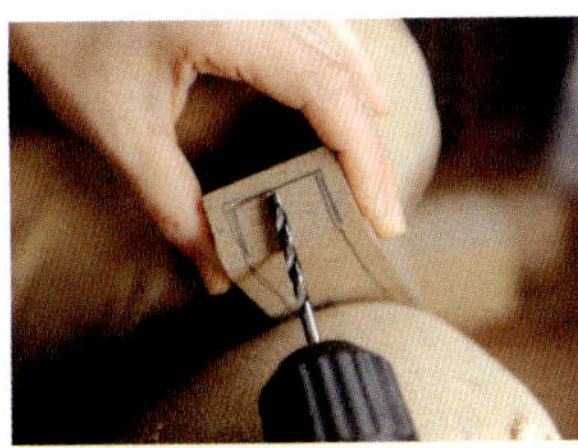

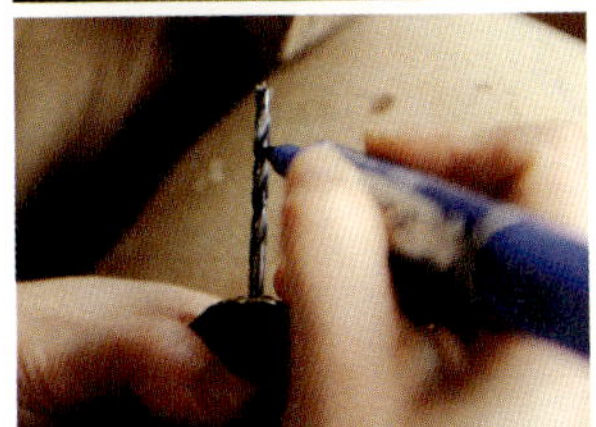

2 电钻装4mm直径钻头做雕凿前的准备工作。把钻头靠在木料的端面上，确定钻入的深度，并且用油性记号笔在钻头上做好标记。

3 在标示内侧底面的画线再稍向上的位置，用电钻打孔。钻入的深度以刚才在钻头上做的标记为准。从一角开始横着打一排孔。

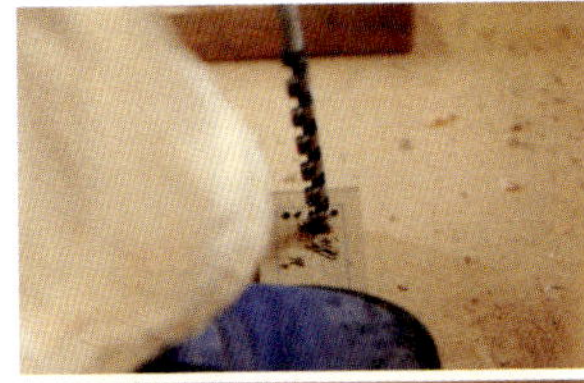

4 换成10mm直径钻头。与4mm直径钻头一样，打孔的深度以刚才在钻头上做的标记为准，孔的位置可以随意确定，但是一定要在铅笔画线的内侧。

5

用橡胶锤敲击平凿进行开孔。首先从底面画线开始。用刃长10mm的平凿纵向雕凿。

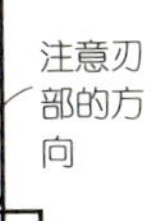

6 用刃长20mm的平凿斜向雕凿内侧。如果出现逆纹的情况就改变木料的位置，一定要保证是顺着木纹方向雕凿。雕凿过程中要把木料顶着固定的木方，或者使用工作台也可以。

7 底面雕凿到一定程度以后，开始雕凿侧面。从各个方向雕凿底面、侧面的长边和短边等。根据雕凿位置的情况选择最方便的凿子来使用。

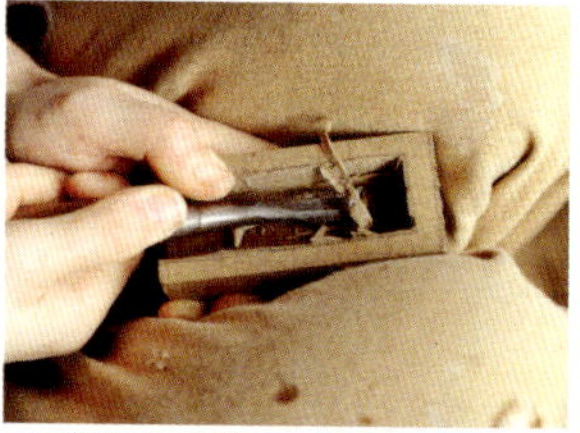

8 最后，用手推按住平凿进行铲削来确定形状。边角尽量做成直角。

9 内侧粗糙的地方，用 #180 的砂纸打磨。把毛刺打磨掉即可。

10 用平凿对贴合面薄薄地凿削。不是做成工整的平面，而是稍稍呈现波浪状。

调整接合面

11 用比较软的 6B 铅笔，把接合面涂黑。

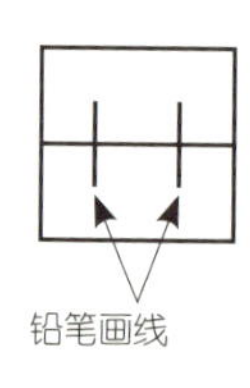

12 把 A 料和另一块木料（以下简称 B 料）贴合在一起。在底面画两条线。

13 用橡胶锤敲击贴合在一起的木料。在 B 料上会印上黑色的铅笔痕迹，这些黑色的部分就是木料凸起的地方。用手推按刃长 6mm 的平凿对这些地方进行铲削。再将两块木料贴合在一起，在 B 料上印上黑色的痕迹，再对黑色的部分进行铲削，再贴合在一起，再进行铲削……重复这样的步骤。

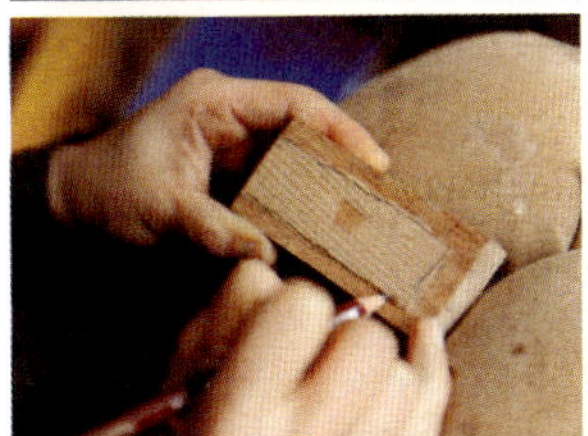

14 当B料的贴合面全都印上黑色的痕迹时（表示两块木料完全贴合在一起），用铅笔画出边框线。

雕凿B料，然后粘接、干燥

15 与A料一样，用电钻打孔，然后用凿子开槽（过程图片省略）。

16 雕凿好后，把B料与A料贴合在一起。贴合面多少会有一些偏差。用手推按平凿对B料进行铲削调整。用#180的砂纸对内侧进行打磨。贴合面不要打磨。

17 用橡皮擦去A料的贴合面残留的铅笔痕迹。

18 在A料和B料的贴合面涂上木工用白乳胶。要用刮刀进行涂抹。

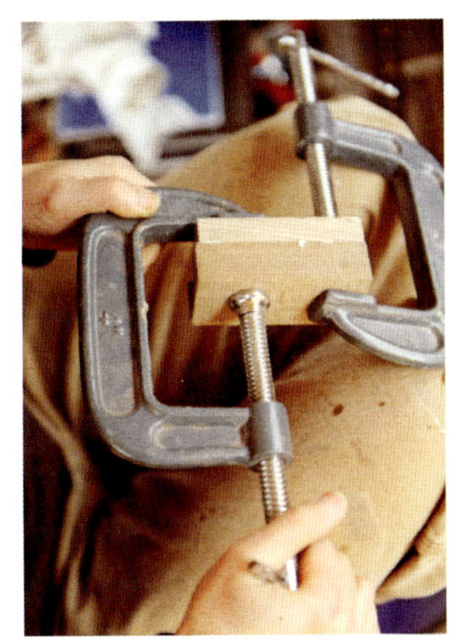

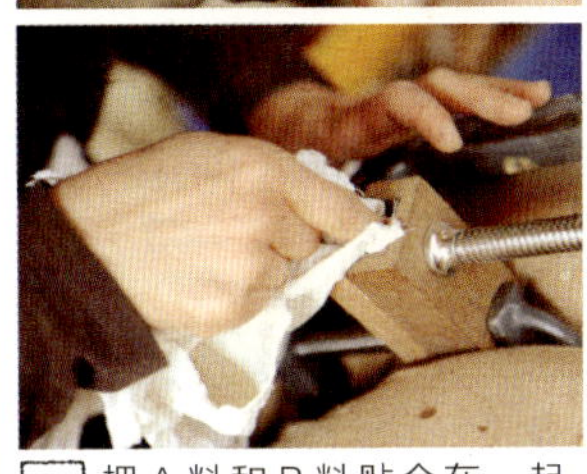

19 把A料和B料贴合在一起，用2个木工夹固定好。用蘸水的画笔抹去因为挤压而溢出的白乳胶，再用软棉纱布擦净。静置约1小时让白乳胶干燥。

制作要点

在两块木料的贴合度上不能妥协

一　在用凿子雕凿凹陷部分时，要在铅笔画线内侧的区域进行操作。

二　把木料贴合在一起用橡胶锤敲击时，要注意“没有遗漏”。让应该留下黑色铅笔印记的地方都能被印黑。

三　“敲击贴合在一起的木料，削掉木料上印有铅笔印记的地方”这个操作要耐心地反复进行。在两块木料的贴合度上不能妥协。

四　虽然说不能妥协，但是抱着“适当、适度”的心态就可以了。没有必要用尺子进行测量、画线等。

干燥后的处理

20 白乳胶干燥后，用手锯锯切盒口部分，使盒口面工整。

21 贴合处的两侧表面会有一定的高度落差，用平凿薄薄地凿削表面来消除落差。凿削中遇到逆纹时，就从反方向进行凿削。

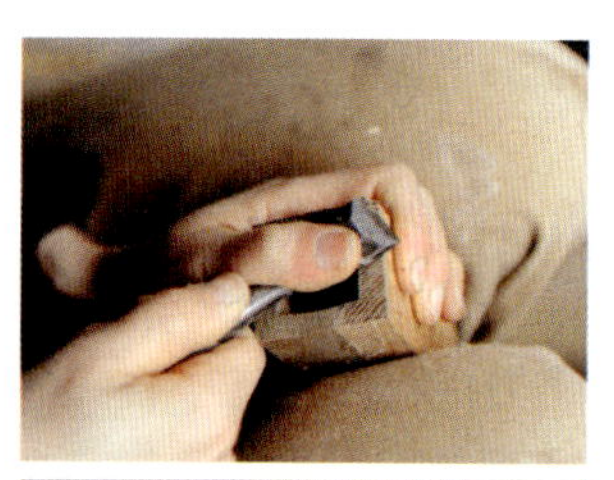

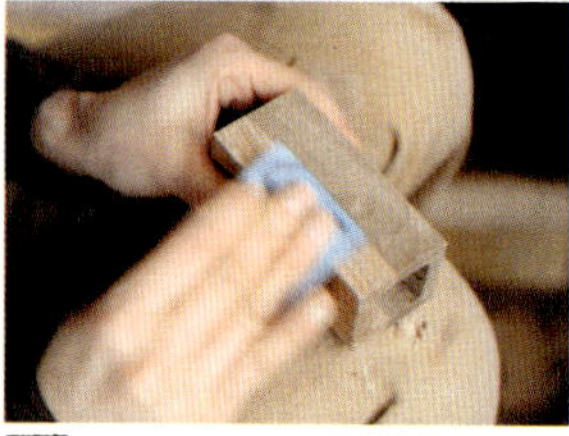

22 最后用手推按凿子进行整体修整。用 #180 的砂纸整体打磨一遍，将毛刺打磨掉即可。

23 用毛刷蘸上核桃油进行涂擦，从里到外整体都要涂擦。之后用软棉纱布擦拭干净。

完成 不仅可以用来插放餐具，也可以作为笔筒和干花花插使用。

附录

本书收录木作职人

本书收录作品的销售工坊或店铺

可以购买木材的店铺

术语解说

工具解说

木材一览表

本书收录木作职人

＊后标注的数字是对应的工坊或店铺的列表编号，信息截至 2012 年 6 月（“酒井敦”有更新）。

芦田贞晴
长野县上田市武石上本入374-40
TEL 0268-87-3567
＊40,69

饭岛正章（工坊 闲）
长野县木曾郡上松町小川682
TEL 0264-52-5254
http://www001.upp.so-net.ne.jp/kann/
＊34,41

岩崎久子（工坊 夏安居）
长野县诹访郡原村17217-279
TEL 0266-74-2689
http://www.geango.com/

臼田健二（craft苍）
北海道上川郡东川町1号北44
TEL 0166-82-2290
http://www14.plala.or.jp/craft_so/

大崎麻生（工坊 大崎）
北海道常吕郡置户町雄胜153-1
TEL 0157-55-2951
＊1,5,6

落合芝地
滋贺县大津市南小松1838-1
TEL 050-1290-8529
http://ochiaishibaji.jp/
＊21,30,51,57,68,71

片冈祥光（工坊 WOOD LANDER'S木那）
北海道常吕郡置户町拓殖
TEL 0157-53-2800
http://kina.michikusa.jp/

川端健夫
滋贺县甲贺市甲南町野川835
TEL 0748-86-1552
http://mammamia-project.jp/
＊9,21,24,47,50

京都炭山朝仓木工（朝仓亨、朝仓玲奈）
京都府宇治市炭山堂的元23-3
TEL 0774-39-8095
http://www.asakuramokkou.com/

小沼智靖（小沼设计工作室）
utsuwadesign@ybb.ne.jp
http://blog.livedoor.jp/tommy1965/
＊10

酒井敦（匙屋）
冈山县濑户内市牛窗町牛窗3012
TEL 0869-24-7637
http://www.sajiya.jp/
＊26

佐藤诚（工坊 优木）
北海道常吕郡置户町拓殖34-1
TEL 0157-53-2131
http://www15.plala.or.jp/koubou-yuuki/
＊5,6

杉村彻
茨城县龙崎市大德町3836-2
TEL 0297-84-1835
＊19,49,65

须田二郎
东京都八王子市长房町706-5
TEL 0426-66-4210
＊15,16,17,22,23,33,52,55

濑户晋
北海道旭川市东旭川町丰田614-2
TEL 0166-76-2228
＊8,11,14,66

大门和真、大门严（bau工坊）
北海道上川郡东川町西町9-4-1
TEL 0166-82-2213
＊3

佃真吾
京都市右京区梅畑广芝町1-4
*8,22,49,61

露木清高(露木木工所)
神奈川县小田原市早川2-2-15
TEL 0465-22-5995
http://www.yosegi-g.com/
*36

户田直美(potitek)
京都市东山区本町12-218 T-room
TEL 075-532-0906
http://potitek.com/

富井贵志(konotami)
滋贺县甲贺市信乐町多罗尾2583
TEL 0748-64-0002
https://www.takashitomii.com/
*2,7,12,16,21,35,38,48,54,59,
60,64,65,67,70,73,76,79

中西洋人
http://www.hirotonakanishi.com/

日高英夫
长野县佐久市香坂1157-1
*4,20,32,39,42,43,46,56,58,62,
75,77,78,80

古桥治人(manufact jam)
茨城县筑西市东石田1015
TEL 0296-52-6260
http://manufact-jam.com/

前田充(ki-to-te)
东京都国分寺市西町5-20-6
http://www.ki-to-te.com/
*9,13,18,25,27,28,29,31,37,44,72

三浦孝之(Hanamame)
东京都八王子市元八王子町2丁目3340-3
TEL 090-2817-1537
http://nyuniku.exblog.jp
*81

宫内知子
https://www.miyautitomokko.com/
*51,53,82

森口信一
京都府长冈京市今里彦林20-2
TEL 075-925-5536
*45

山极博史(utatane)
大阪市中央区本町桥5-2
TEL 06-6946-0661
http://www.utatane-furniture.com
*63

山田真子
石川县加贺市山中温泉塚谷町2-109

山本美文
冈山市东区东幸西836
TEL 086-946-1627
*74

本书收录作品的销售工坊或店铺

包含本书收录作品的销售工坊或店铺的信息。请留意以下几点。
收录的作品并非都有现货，请和相关工坊或店铺确认库存情况。
有的工坊或店铺只有周末营业，或者冬季停业，请在访问前进行确认。
很多工坊或店铺都有自己的网站，请尝试在网络上进行搜索。
＊后标注的木作职人的信息截至2012年6月，“26）匙屋”有更新。
（编者注：为便于读者实地探寻，以下给出日文原版信息。）

〔北海道·東北〕

1) 北海道クラフト
札幌市中央区南1条西2丁目　丸井今井札幌本店一条館7階
TEL 011-205-2556
＊大崎麻生

2) 青玄洞
札幌市中央区南2条24丁目1-10
TEL 011-621-8455
＊富井貴志

3) YUIQ
札幌市中央区大通西3丁目7　大通ビッセ2F
TEL 011-206-9378
＊大門和真

4) 器と雑貨 asa
札幌市中央区大通西8丁目2-39　北大通ビル11F
TEL 011-206-6975
＊日高英夫

5) HOMES
北海道旭川市6条8丁目36-20
TEL 0166-26-5878
＊大崎麻生、佐藤誠

6) オケクラフトセンター森林工芸館
北海道常呂郡置戸町439-4
TEL 0157-52-3170
＊大崎麻生、佐藤誠

〔関東〕

7) in-kyo
東京都台東区蔵前2-14-14-1F
TEL 090-3069-0511
＊富井貴志

8) 日々
東京都中央区銀座5-5-13
TEL 03-3573-3417
＊瀬戸晋、佃眞吾

9) ヒナタノオト
東京都中央区日本橋小舟町7-13　セントラルビル1階
TEL 03-5649-8048
＊川端健夫、前田充

10) ヨルカ
東京都中央区東日本橋3-11-12 マテリオベース1階
TEL 03-5847-2434
＊小沼智靖

11) ビームス ジャパン
東京都新宿区新宿3-32-6
TEL 03-5368-7300
＊瀬戸晋

12) La Ronde d'Argile
東京都新宿区袋町26
TEL 03-3260-6801
＊富井貴志

13) 貝の小鳥
東京都新宿区下落合3-18-10
TEL 03-5996-1193
＊前田充

14) インターナショナルギャラリー ビームス
東京都渋谷区神宮前3-25-15
TEL 03-3470-3948
＊瀬戸晋

15) SHIZEN
東京都渋谷区千駄ヶ谷2-28-5
TEL 03-3746-1334
＊須田二郎

16) Style-Hug Gallery
東京都渋谷区千駄ヶ谷3-59-8 原宿第2コーポ208
TEL 03-3401-7527
＊須田二郎、富井貴志

17) 暮らしの工房＆ぎゃらりー無垢里
東京都渋谷区猿楽町20-4
TEL 03-5458-6991
＊須田二郎

18) 椅子と雑貨の店　座りここち
東京都渋谷区恵比寿南1-21-19
TEL 03-5794-8175
＊前田充

19) 宙（SORA）
東京都目黒区碑文谷5-5-6
TEL 03-3791-4334
＊杉村徹

20) オチコチ
東京都目黒区自由が丘1-3-22
TEL 03-3723-0104
＊日高英夫

21) KOHORO
東京都世田谷区玉川3-12-11
TEL 03-5717-9401
＊落合芝地、川端健夫、富井貴志

22) 夏椿
東京都世田谷区桜3-6-20
TEL 03-5799-4696
＊須田二郎、佃眞吾

23) OUTBOUND
東京都武蔵野市吉祥寺本町2-7-4-101
TEL 0422-27-7720
＊須田二郎

24) dogdeco HOME
東京都小金井市中町4-17-14
TEL 042-383-3580
＊川端健夫

25) ki-to-te直売所
東京都国分寺市西町5-20-6
http://www.ki-to-te.com
＊前田充

26) 匙屋
岡山県瀬戸内市牛窓町牛窓3012
TEL 0869-24-7637
http://www.sajiya.jp
＊さかいあつし

27) 黄色い鳥器店
東京都国立市北1-12-2-2階
TEL 042-537-8502
＊前田充

28) 珈琲工房HORIGUCHI　狛江店
東京都狛江市和泉本町1-1-30
TEL 03-5438-2141
＊前田充

29) オシドリ良品店
東京都青梅市成木8-33-2 古書ワルツ内
TEL 0428-74-9158
＊前田充

30) うつわ百福
東京都町田市原町田2-10-14-101
TEL 042-727-7607
＊落合芝地

31) 横浜元町珈琲
横浜市中区大和町2-48
TEL 045-263-8684
＊前田充

32) A-Craftya（エイ・クラフティア）
横浜市都筑区北山田3-26-8
TEL 045-594-5025
＊日高英夫

33) utsuwa-shoken onari NEAR
神奈川県鎌倉市御成町5-28
TEL 0467-81-3504
＊須田二郎

34) ギャラリーマーロウ
神奈川県横須賀市秋谷3-6-27
TEL 046-856-6646
＊飯島正章

35) 日和
神奈川県小田原市南鴨宮1-7-1-2
TEL 0465-48-4432
＊富井貴志

36) ギャラリーツユキ
神奈川県小田原市早川2-2-15
TEL 0465-22-5995
＊露木清高

37) 萌季屋
千葉県市川市八幡2-7-11
TEL 047-336-4030
＊前田充

〔中部〕

38) 夏至
長野市大門54-2F
TEL 026-237-2367
＊富井貴志

39) 碇屋漆器店
長野県松本市深志3-1-23
TEL 0263-33-3635
＊日高英夫

40) ギャルリ灰月
長野県松本市中央2-2-6 高美書店2F
TEL 0263-38-0022
＊芦田貞晴

41) 蝸牛（かぎゅう）
長野県木曽郡上松町高倉5082
http://www.kagyuu.com
＊飯島正章

42) sahanji+
静岡市清水区堂林2-9-5
TEL 053-53-1155
＊日高英夫

43) UROCO.（旧かみや釣漁具店）
富山県黒部市飯沢688
TEL 0765-56-7003
＊日高英夫

44) hug chai works
金沢市西念2-1-31
TEL 076-207-9096
＊前田充

45) 浅田漆器工芸
石川県加賀市山中温泉菅谷町ハ－215
TEL 0761-78-4200
＊森口信一

46) canna家具店
名古屋市東区相生町14-1
TEL 052-933-6268
＊日高英夫

47) sahan
名古屋市千種区猫洞通3-21 KRAビル 1F
TEL 052-783-8200
＊川端健夫

48) gallery yamahon
三重県伊賀市丸柱1650
TEL 0595-44-1911
＊富井貴志

〔近畿〕

49) 季の雲
滋賀県長浜市八幡東町211-1
TEL 0749-68-6072
＊杉村徹、佃眞吾

50) gallery-mamma mia（ギャラリー マンマ・ミーア）
滋賀県甲賀市甲南町野川835
TEL 0748-86-1552
＊川端健夫

51) FIELD NOTE
奈良市四条大路2-2-77
TEL 0742-36-7227
＊落合芝地、宮内知子

52) 空檻 soramitsu
奈良市高畑町1445-1
http://soramitsu.com
＊須田二郎

53) 樸木（あらき）
奈良県生駒郡安堵町窪田的場190-1
TEL 0743-57-9300
＊宮内知子

54) 恵文社一乗寺店
京都市左京区一乗寺払殿町10
TEL 075-711-5919
＊富井貴志

55) nowaki（のわき）
京都市左京区新丸太町49-1
TEL 075-201-8298
＊須田二郎

56) モーネ工房
京都市上京区西堀川通丸太町下ル下堀川通り154-1
TEL 075-821-3477
＊日高英夫

57) ギャラリーひたむき
京都市中京区寺町通御池上ル
TEL 075-221-8507
＊落合芝地

58) tsubomi
京都市下京区諏訪町通松原下ル弁財天町325
TEL 075-343-1667
＊日高英夫

59) kitone
京都市下京区燈籠町589-1
TEL 075-352-2428
＊富井貴志

60) Utsuwa kyoto yamahon
京都市下京区堺町21
TEL 075-741-8114
＊富井貴志

61) 六々堂
京都市東山区清水3丁目342
TEL 075-525-0066
＊佃眞吾

62) 酒の器　Toyoda
京都市伏見区上油掛町190
TEL 075-611-7822
＊日高英夫

63) うたたね
大阪市中央区本町橋5-2
TEL 06-6946-0661
＊山極博史

64) SHELF
大阪市中央区内本町2-1-2-3F
TEL 06-6355-4783
＊富井貴志

65) QupuQupu
大阪府大東市諸福1-8-2
TEL 072-806-2878
＊杉村徹、富井貴志

66) ビームス ウエスト
神戸市中央区御幸通7-1-15
TEL 078-230-7690
＊瀬戸晋

67) ESSENZA
兵庫県芦屋市西山町1-5
TEL 0797-26-6101
＊富井貴志

68) うつわクウ
兵庫県芦屋市西山町3-11 ラフェルテ芦屋川1F
TEL 0797-38-8339
＊落合芝地

69) bonton
兵庫県芦屋市公光町10-10 B.Block S-2
TEL 0797-34-1678
＊芦田貞晴

70) うつわ 志ZUKI
兵庫県三田市けやき台5-19-12
TEL 079-562-0760
＊富井貴志

71) 楓薫
兵庫県姫路市嵐山町10-3
TEL 079-227-4517
＊落合芝地

72) Zakka R.
兵庫県姫路市本町68
TEL 079-280-8868
＊前田充

〔中国・四国・九州〕

73) 天満屋くらしのギャラリー
岡山市北区表町2-1-43
TEL 086-231-7529
＊富井貴志

74) オリーブの小径
岡山県瀬戸内市牛窓町牛窓452-4 牛窓オリーブ園内
TEL 0869-34-9155
＊山本美文

75) nagomi style（なごみスタイル）
山口市大内御堀2869-11
TEL 083-923-5533
＊日高英夫

76) とうもん
高松市春日町682-3
TEL 087-843-0474
＊富井貴志

77) G's principle
徳島市南二軒屋町1-1-29（JR二軒駅内）
TEL 088-612-8018
＊日高英夫

78) sotosu
愛媛県今治市大西町新町575-6
TEL 0898-53-2802
＊日高英夫

79) デザイン・ギャラリー卑弥呼
福岡県北九州市小倉北区魚町2-2-7
TEL 093-533-2825
＊富井貴志

80) chervil coju
大分市東野台2-9-7
TEL 097-549-3571
日高英夫

〔Web販売〕

81) iichi
http://www.iichi.com
＊三浦孝之（Hanamame）

82) nokiro-art-net
http://www.nokiro-art-net.com
＊宮内知子

可以购买木材的店铺

（不包含家居中心、东急手创馆等）

收录了适合业余爱好者的可以少量购买木材的店铺，可以购买到适用于制作小型木制品的阔叶树木材。也收录有网络销售的店铺，购买时请通过网站进行确认。还可以去逛逛你附近的木材商店，它们或许也销售小尺寸的板材，或者提供木料裁切的服务。信息截至 2012 年 6 月。

（编者注：为便于读者实地探寻，以下给出日文原版信息。）

木心庵（きしんあん）
札幌市豊平区豊平5条6丁目1-10
TEL 011-822-8211
http://www.kishinan.co.jp

ウッドショップ木蔵
北海道河東郡音更町木野大通東8-6
TEL 0155-31-6247
http://kikura.jp

鈴木木材
北海道桧山郡厚沢部町新町127
TEL 0139-64-3339

きこりの店　ウッドクラフトセンターおぐら
福島県南会津郡南会津町熨斗戸544-1
TEL 0241-78-5039
http://www.lc-ogura.co.jp

ウッドショップ関口
群馬県甘楽郡下仁田町下仁田476-1
TEL 0274-82-2310
http://www.wood-shop.co.jp

「木の店」Woody Plaza（ウッディプラザ）
埼玉県和光市本町22-1
TEL 048-458-5113
http://www.woodyplaza.com

もくもく
東京都江東区新木場1-4-7
TEL 03-3522-0069
http://www.mokumoku.co.jp

泰平木材
東京都江東区新木場3-4-11
TEL 03-3522-1131

何月屋銘木店
東京都町田市小野路町1144
TEL 0427-34-6155
http://www.nangatuya.co.jp

ウッドショップ　シンマ
静岡県島田市中河町250-3
TEL 0547-37-3285
http://woodshop-shinma.com

岡崎製材　リビングスタイルハウズ
愛知県岡崎市戸崎元町4-1
TEL 0564-51-7700
http://www.okazaki-seizai.co.jp/hows/

上杉木材店
岐阜市真砂町6-12
TEL 058-262-2359
http://www.uesugimokuzai.jp

馬場銘木
滋賀県彦根市高宮町1123
TEL 0749-22-1331
htpp://www.babameiboku.jp

丸萬
京都市伏見区羽束師古川町306
TEL 075-921-4356
http://maruman-kyoto.com

中田木材工業
大阪市住之江区平林南1-4-2
TEL 06-6685-5315
http://www.i-nakata.co.jp

雑木工房みたに
大阪府吹田市江ノ木町8-20
TEL 06-6385-2908
http://www.h5.dion.ne.jp/~r.mitani/

りある・うっど（OGO-WOOD）
大阪府堺市中区土塔町2225
TEL 072-349-8662
http://www.ogo-wood.co.jp

府中家具工業協同組合
広島県府中市中須町1648
TEL 0847-45-5029
http://wood.shop-pro.jp

ホルツマーケット
福岡県久留米市城島町楢津1113-7
TEL 0942-62-3355
http://www.holzmarkt.co.jp

木制品的保养和维修方法

彻底清洗干净，完全擦干

木制品平日的保养方法，以及感觉表面不太顺滑时的处理方法，
在这里都做了简单的介绍。
虽然有很多地方需要注意，但只要具备这些常识就基本可以应付了。

1 延长使用寿命的保养方法

1） 木制品遇热或遇水，会出现开裂、扭曲、反翘的情况。因此，尽量避免阳光直射，也不要放在火炉的旁边，更不要在冷水或者热水中长时间地浸泡。

2） 使用后，用流动的温水或冷水洗净。虽然可以使用洗洁剂（用海绵擦拭），但是对于表面擦油或涂漆的木制品，还是不要过分使用洗洁剂，否则木材中浸润的油分会被洗掉。也要尽量避免使用去污粉（研磨粉），或用刷子使劲地擦拭。

3） 洗净后，用柔软的布或者餐巾把表面的水擦掉后晾干。

4） 绝对不要放入微波炉或餐具干燥机中干燥。

2 简单的维修方法

（表面擦油的木制品表面变得不顺滑时）

1） 将布或者厨用纸巾蘸上油，涂抹木制品的表面。油可以选择亚麻籽油、核桃油、紫苏籽油、橄榄油等。

核桃油

核桃油属于与空气中的酶发生反应后会固化的干性油（亚麻籽油、紫苏籽油等也是）。可以使用市面上销售的核桃油直接涂擦，也可以把核桃用布包上，用玄能敲碎再榨出油进行涂擦（参考 p.28）。涂擦时由于产生了化学反应，布会变热，可以通过展开摊平或用水浸湿的方法来使温度下降。

橄榄油

橄榄油属于不干性油（山茶油、菜籽油等也是）。由于和空气接触后不易发生酸化，所以不会凝固。涂擦后，要充分擦去表面浮油后再进行干燥。涂擦了不干性油的餐具要避免放在橱柜的深处，当然，如果频繁使用则没有问题。另外，玉米油和棉籽油属于半干性油。

2） 涂擦后，用布擦去多余的油，放在通风且阳光直射不到的地方进行干燥。

3） 如果发现木材的表面有毛刺，在擦油前要使用比较细的砂纸（#320、#400、#800 的耐水砂纸等）进行打磨。打磨后，要彻底擦去因为打磨所产生的木粉。

（表面涂漆的木制品出现磨损时）

与制作者或购买店铺进行协商，很有可能获得重新涂漆的机会。

术语解说

本书中出现的木工相关术语的说明。

【弧】

弧指圆弧、弧线、弧度等。常用的说法是“形成弧线”“做出弧度”等。

【木坯（木胎）】

木坯指还未涂漆的仍呈现木本色的木制品。在漆器制品的产地，一般的流程是由木坯师用专用的旋床车制木坯，比如车制木碗的木坯，再由涂装师进行涂漆。

【开料（下料）】

开料指把原木、大块木材等切割成需要的外形和尺寸。

【刳物】

刳物指使用凿子等刃具对木材进行雕凿和切削而制成的中间下凹的木制品。刳指使用刃具在木材上挖凹。

【毛刺】

毛刺指切削木材时，木材表面出现的立起来的毛毛的木刺。

【横切面】

横切面指沿着与圆木的中心轴相垂直的方向切出的横断面（也就是与木材的纤维方向垂直的面）。

【径切面】

径切面指从圆木的中心呈放射线状锯切所得到的纵断面，断面上呈现出基本平行且纵向延伸的木纹。另外，偏离圆木中心锯切时得到的断面则称为弦切面，断面上会呈现出山形或者不规则波浪形的木纹。径切的板材比弦切的板材更不容易变形和翘曲。

【夏克式家具】

夏克式家具指夏克教（又名震颤教）教徒制作的，拥有朴素的外观，更注重实用性的家具。透过家具可以感受到制作者真挚的创作态度，表现出没有多余的装饰而体现“实用之美”的设计理念。夏克式家具对于近代的家具设计有着深远的影响，在日本也有很多木作职人制作夏克式风格的家具。另外，夏克教是基督教新教贵格会（又称教友派或公谊会）的一个宗派。18 世纪后期在美国东海岸开始活动，于 19 世纪中叶达到鼎盛时期。他们崇尚在共同体中实践自给自足的朴素的生活方式，现在该教派已经衰落。

【神代（乌木、阴沉木）】

神代是被埋在土中，经历了漫长的岁月，木色已经变成深褐色等深色的木头的通称。一般在进行河道疏浚等工程时会挖掘到神代，因为是非常贵重的材料，所以常被高价收购。根据品种不同，这种木头通常被称作神代杉、神代光叶榉、神代连香木等。关于神代这一叫法的起源，目前有两种推测：传说这些木头是在神话时代被埋入土中的，或者这些木头原本是生长于神话时代的。

【镶嵌】

镶嵌指在木材或金属表面刻出凹纹，再用不同的材质填充这些凹纹而形成图案。如果用木材镶嵌，则可以将多种不同颜色的木材组合在一起。大门严先生的六边形托盘（见 p.113）中，盘边的杂色装饰条就是采用木材镶嵌的方法实现的。

【指物】

指物指由木板拼接组合而成的箱子、家具等木制品。木板拼接组合时有多种多样的插接技法，基本上不使用钉子。

【顺纹】

顺着木纹延伸的方向用刨子等工具对木材进行切削，刨子等的行进方向和木纤维的延伸方向一致，可以进行顺滑地切削，这种状态称为顺纹。逆纹的反义词。

【逆纹】

逆着木纹延伸的方向用刨子等工具对木材进行切削，会有被挂住的感觉，这种状态称为逆纹。顺纹的反义词。

【余料（下脚料）】

余料指开料或制作时切下的剩料，由于余料的外形和尺寸有限，所以很难被再次利用。

【涂漆】

涂漆指用毛刷或棉布蘸上生漆涂擦在木坯的表面，然后擦去多余的漆，之后让漆面充分干燥。作为基本的操作，涂漆要重复很多次。为了取得华美的效果，木坯表面的光滑程度至关重要。涂漆也可以叫作“擦漆”。

【倒角】

倒角指把木制品的棱角处用砂纸等工具磨圆、磨光。恰到好处的倒角可以让作品看起来更漂亮。

工具解说

以“动手做做看”板块用到的工具为主，对一些木工相关工具进行说明。

【软棉纱布】

软棉纱布指在表面涂装等工序时使用的布片。其日文名字来源于表示碎片、废弃物意思的英文“waste”。

【木工夹】

木工夹指用于固定木料的具有夹紧功能的工具。木工夹可用于在截断木料时使木料不发生位移，或者将粘接面按压在一起，总之是不可或缺的工具。根据大小和外形的不同分为几个种类，比如C夹和F夹等。

【玄能】

玄能是金属锤的一种，其金属头部的两端均呈平坦状。可用于敲击凿子的尾端、钉钉子等操作。金属头部的两端或侧面都可作为敲击面。

【小刀】

小刀即刀子。一般说到小刀，多是指刃比较长、刃口倾斜的“切削用的小刀”。小刀适合对木料的边角和曲线进行切削，是制作勺子和筷子不可或缺的工具。作为经常被用到的工具，在使用时一定要小心，绝对不要把手放在刃部切削方向的前方。也可以在建材市场购买被称作“工艺刀”或“雕刻刀”的刀子使用。

【工作台】

工作台指在对木料进行切削和雕凿时使用的垫台。一般固定在木工桌的一角使用，对初学者来说是宝物一样的重要工具。虽然可以在出售雕刻用品的商店买到，但因其只是把木方固定在木板上的简单构造，（用木工用白乳胶粘接后再用螺丝紧固），

所以也可以自己动手制作。

【木工角尺】

木工角尺指金属材质的L形量尺。可以用于确认直角，因为表面有刻度也可以用于测量长度。

【砂纸】

砂纸指粘有细沙砾和石粉的纸或布。粗糙程度用目数的数字表示，数字前面标有符号“#”。数字越小表示表面越粗糙，数字越大表示表面越细。比如#320和#400的砂纸，被广泛用于木坯的最终打磨。

【宽座角尺】

宽座角尺指金属材质的直角尺。用于检测木料的直角和表面的凹凸情况。与木工角尺很相似，呈比较小的L形，且短边更厚一些。在日文中宽座角尺与表示正方形的英语“square”谐音，被称作“sukoya”。

【车床】

车床指通过回转工件且使其接触刃具来进行切削的机器。车床的刃具一般称为车刀，车刀有“bit”（机夹车刀）或“gouge”（手持车刀）等称呼。

【雕刻刀】

雕刻刀指雕刻用的小刀。在制作需要挖刻的部位比如勺子前端时，或在袖珍碟制作等细致的雕刻工作中，均能发挥重要作用（参考p.27的袖珍碟制作和p.99的步骤17）。有圆刀、平刀、三角刀等种类。

【手锯】

双刃锯

双刃锯指两侧都有锯刃的锯。一侧用于顺着木纹方向（与木纤维延伸方向平行）的纵向切割，另一侧用于与木纹成直角方向（与木纤维延伸方向垂直）的横向截断。

夹背锯

夹背锯指锯齿薄而小的单刃锯。横向截断木料时使用，多用于精细的锯切加工。

引回锯

切割曲线或在木板上开洞时使用（参考p.32的步骤11）。

【凿子】

凿子指用手推按或用锤子敲击尾端，对木料进行雕凿、切削及开洞的工具。虽然根据大小和形状不同分为很多种类，但是根据使用方法大致分为以下两种。用木槌、橡胶锤、玄能等工具敲击尾部使用的称为“敲击凿”，用手推按进行铲削的称为“手推凿”（译者注：中国一般称为“扁铲”）。刃的长度称为刃长。

【锤子】

配合敲击凿使用的锤子，有木槌、橡胶锤（头部由橡胶制成）、减震锤（锤子整体用树脂材料制成，顾名思义其反震力比较小）等种类。森口信一先生切割栗木时使用的石工锤（见p.105），不仅可用于敲击石头，也可以用于向沥青中钉入钉子等，有着广泛的用途。

【旋床】

旋床（日文“轆轤”）是利用轴的旋转来进行工作的机械的总称。狭义上指把木料固定在轴的一端，轴旋转的同时操作者用刃具对木料进行切削，从而车制出圆形器物（如圆碗木坯）的机械。另外，在不同的木制品产地，操作者坐的位置也不同。面向着旋床轴的正面进行加工的情况占大多数，但是在山中涂的产地，操作者则是坐在旋床轴的侧面进行加工的（见p.84山田真子工作的图片）。

了解木材的硬度和获取的难易度

木材一览表

各项目中的结论并不是绝对的，包含了很多主观性的评价。这些基于个体经验给出的评价，仅供参考。

1 木材名称

有的木材虽然有更具体的分类，但是这里多只给出一般性的总称。

标记★表示是切削比较容易、比较适合初学者使用的木材。

标记“(阔)”表示是阔叶树,而“(针)”则表示是针叶树。

2 硬度

硬度的评级是参考木材硬度和强度的数值的同时，结合木作职人的意见汇总出来的。

A 硬　B 硬～中

C 中～软　D 软

木材名称	硬度	加工难易度	获取难易度	可以制作的器物及分类	特征、分类以外的用途、木作职人的评价（“”内）等
★贝壳杉（针）	C	◎	◎	黄油刀、黄油盒、餐勺、果酱匙	可以在家居中心买到，易于加工和使用。颜色为褐色系。可用于制作玄关大门、抽屉侧板等。产地为东南亚
★美国赤杨（阔）	B～C	○～◎	○～◎	碟子、盛器、杯子、餐勺、黄油刀	作为阔叶树木质柔软，加工方便。木纹和樱桃木很像，常被用作樱桃木的替代品。比樱桃木软
色木槭（阔）	A～B	△～○	○	盆、筷子、水瓢	质地坚硬，可以当作楔子使用，过去用于制作滑雪板。有着美丽的乱纹（收缩纹）。“表面多倾向于擦油。可以用机械或者敲击凿来加工，若是用雕刻刀或手锯加工则会非常辛苦。”
银杏木（针）	B	◎	△	切菜板（砧板）、盛器、碟子、盆	“很容易切削。”易于加工并且有光泽。遇水不易变形。并不是特别硬，所以可以把圆木横切成圆盘状作为中式料理的切菜板使用
★黑胡桃木（阔）	B	◎	◎～○	盛器、碟子、盆、杯子、餐勺、叉子、黄油刀、黄油盒	北美产胡桃木的同种。巧克力般的褐色中带有黑色的条纹。韧性强，易于加工。作为家具材料很受欢迎。可以用来做全套的餐具。“纹理通顺,易于加工。比胡桃木要硬，比栎木感觉要软。属于软硬适中的木材。”
鱼鳞云杉（针）	C～D	◎～○～△	◎	黄油盒、盛器、木碗、碟子	可以在很多家居中心买到。“虽然整体上属于软性的木材，但是根据年轮的不同软硬是有差异的。用凿子和刨子加工困难。切口给人毛糙的感觉。用锯锯切则易于加工。”
★犬槐（阔）	B	○	○	盛器、杯子、餐勺、果酱匙	心材（树干中心部分的木材）属于褐色系木材。一般用作民间工艺品（熊和猫头鹰等的木雕）的材料。“有一定的光泽和韧性，雕刻时感觉如抽丝般顺畅，易于雕刻。”
日本柞（阔）	A	△	○	刳物、碟子	日本本土最硬的木材。切削加工困难。一般用来制作凿子柄和刨子底座、船桨和船橹、手推货车的车轮等
★连香木（阔）	C	◎	◎～○	盆、盛器、碟子、餐勺、黄油刀	比较软，容易雕刻和切削。由于这个特点常用作镰仓雕的木材。也用来雕刻佛像及制作抽屉侧板。“易于凿刻,切削的手感也很好。纹理规整,没有乱纹。”
桦木（阔）	A～B	○	○	餐勺、黄油刀、果酱匙、杯子	真桦、岳桦等的总称。真桦的质地重硬致密，有美丽的纹理，作为家具材料和装修材料性价比较高。“有一定的韧性及硬度。干爽且加工方便。纹理通顺有光泽，表面适合擦油。”另外，白桦在加工处理上要区别对待
花梨（阔）	A	△	△	筷子、筷枕	质地重硬的褐色系木材。东南亚产。在家具制作中用来做蝶形销（一种加强板材拼接牢固度的榫卯形式）。“韧性差，较少弯曲。有金属的质感，可以打磨出锋利的线条。比较适合用机械进行直线切割，雕刻比较困难。”
樟木（阔）	B	○～◎	○	箱子、花器、钵、杯子、刳物	特征是有着樟脑般的强烈气味，对木料进行切削的话气味会更明显。制作成杯子等使用时，随着使用气味会变淡。以前也作为佛像雕刻的材料使用
栗木（阔）	A	△～○	○	盆、刳物、碗、钵、餐勺、水瓢、筷子、筷箱	遇水不易变形，质地重硬。一般用作住宅的地基和铁路的枕木的材料。“虽然也要看具体木料，但通常也并非坚硬到无法顺畅地进行切削，用磨得很好的凿子就可以。顺着木纤维的走向，用劈刀可轻松地进行切割。深色的木纹惹人喜爱。”
★胡桃木（阔）	B～C	◎	○	盛器、碟子、杯子、餐勺、叉子、黄油盒、果酱匙、筷子	木材上说的胡桃木，一般是指生物学上的胡桃楸。“与黑胡桃木比稍软一些。合适的硬度，使得用刨子和雕刻刀加工起来非常顺手。”
光叶榉（阔）	A～B	○	◎	盛器、碟子、盆、碗、钵、餐勺、筷子、筷箱	质地重硬，有很好的耐久性，加工也不太难。是日本阔叶树中具有代表性的木材。用作寺庙的建筑材料，以及用于制作家具、大鼓的鼓身等。也用于制作漆器的木坯
黑檀（阔）	A+	△	△	筷子、筷枕	非常硬。黑色系。打磨后有光泽。用于制作佛坛、钢琴的琴键、唐木细工工艺品等。价格高。主要产于东亚。“可以用机械（电木铣等）加工，若是用刨子等手工工具则会很辛苦。与它相似的黑柿则可以用刨子加工。”

3 加工难易度

虽说都是加工，但是有用刨子刨削、用凿子凿削、用手锯锯切等各种操作。另外，也存在用机械加工一下就可以切好，但是用手工工具会非常辛苦的情况。所以，给出的评价考虑了上述的全部情况。

◎ 易于加工

○ 一般，普通

△ 加工困难，加工辛苦

4 获取难易度

以作为一般的个人是否容易获取作为评价标准。

◎基本上无论哪里的家居中心都能够买到

○在家居中心无法买到，但是去木工作坊或木材店等地方，有可能买到余料

△基本上没有在市场上流通，很难获取

5 可以制作的器物及分类

在本书中提到过的用这种木材制作的器物一般会有提示。其他则并不仅限于最适合的用途，也包含可以用这种木材制作的器物。

（编者注：表中的“盛器”特指杯、碟、碗、盆、钵之外的盛物品的器皿。）

6 特征、分类以外的用途、木作职人的评价等

介绍木作职人基于个人经验所得到的对不同木材的印象。

木材名称	硬度	加工难易度	获取难易度	可以制作的器物及分类	特征、分类以外的用途、木作职人的评价（“”内）等
★椴木（阔）	C	◎	○	盛器、碟子、餐勺、果酱勺	质地轻软，易于加工。过去用于制作火柴棍和冰棒棍。“很软，可以很快地行刀。纹理不明显，做成的作品让人更易关注到外形上的变化。所以我很喜欢用椴木。”
白桦（阔）	B～C	○	○～◎	盛器、碟子、杯垫、果酱匙、黄油刀、餐勺	作为木材，质地较软且容易变形。因为有黑色的树节，所以只能作为低端木材使用。一般用于制作冰激凌刮勺、一次性筷子等。不过如果适当干燥，也会变成硬度很好的木材
日本柳杉（针）	C～D	◎	◎	便当盒、筷子、盛器、碟子	一种容易获得的常用木材。日本柳杉的便当盒可以适度地吸收水分，干燥的环境下又能把水分析出，很适合餐食的保存
刺楸（阔）	C	◎	○	盆、盛器、碟子、筷箱、餐勺、黄油刀、果酱匙	不是很硬但是也有一定的强度。比榆木稍软。“纹理通顺，易于加工。保持木本色效果就很好，上色后也很漂亮。是非常易用的木材。”
水曲柳（阔）	B	○	○	盆、盛器、碟子、餐勺、黄油刀、果酱匙	水曲柳是一种十分常用的梣属（*Fraxinus*）木材。质地较硬，有韧性。是很好的家具及装修材料。棒球的球棒在日本则一般使用梣属的青梻（*Fraxinus lanuginosa* f. *serrata*）制作
樱桃木（阔）	B	○	○	盛器、碟子、餐勺、黄油刀、果酱匙	北美产樱木的同种。硬度介于桦木和胡桃木之间。虽然还算加工方便，但是根据木材的不同，有时会有黑筋，这部分则加工困难。因为木材的颜色中带有红色，所以很受女性的欢迎。“夫妇两人一起选择桌子的桌面时，妻子经常会选择樱桃木的桌面。”家具店的店主这样说
黄杨（阔）	A	△	△	叉子	很硬，木纹非常致密。材质偏黄色，有美丽的光泽。可以用于制作梳子和日本象棋的棋子。“表面很顺滑。可以做梳子，也可以用来做叉子。”
栎木（阔）	A～B	○	○	盛器、碟子、钵、餐勺、黄油刀、果酱匙、筷子	用于家具制作，是具有代表性的高人气的阔叶树木材。常用来制作威士忌酒桶，以及在欧美用来制作棺材。虽然比水曲柳要硬，但是使用刃具加工时有很好的切削性。易于使用涂料涂装
榆木（阔）	B～C	○	△～○	盛器、碟子、餐勺、果酱匙、切菜板	英文中称作“elm”。硬度、加工性及涂装性，介于水曲柳和刺楸之间。“也说不上易于加工，还是不易于加工。”
松木（针）	C～D	◎	◎	餐勺、果酱匙	非日本产的松木的总称。可以在家居中心买到。可以方便地作为 DIY 的材料使用。根据产地不同，硬度也不同。用于制作餐具时，要注意比较细薄的部位容易折断
★日本扁柏（针）	B	◎	◎	盛器、碟子、餐勺、黄油刀、果酱匙、筷子	日本产针叶树中具有代表性的木材。可以在家居中心买到。容易切削。是制作餐勺的合适材料。有很强的耐水性
山毛榉（阔）	B	○～◎	○	盛器、餐勺、黄油刀、果酱匙、筷子	有着适度的硬度和一定的弹性。适合制作会被粗手粗脚对待的儿童玩具。也适合制作弯曲类的家具。“特征是木纹中有斑点。加工方便。欧美的山毛榉比日本的更硬一些。”
★日本厚朴（阔）	C	◎	◎～○	盛器、碟子、切菜板、餐勺、黄油刀、果酱匙	质地轻软。纹理通顺。适合做精细的木制品。对刃具有很好的阻挡作用，所以适合做切菜板。是刀鞘的指定用材，“日本厚朴不会伤到刀刃”，制鞘师这样说。几乎在所有的家居中心都可以买到。是初学者用来制作餐具的很好的材料
枫木（阔）	B	△～○	○	碟子、餐勺、黄油刀、果酱匙、杯垫	一般指北美产硬枫。作为家具用材在年轻人中很受欢迎。“感觉比真桦要硬一些。略有韧性。虽然硬，但是若用机械加工并不困难，用手工工具加工则非常辛苦。表面处理多倾向于擦油。”
★日本山樱（阔）	B	◎～○	○	盛器、碟子、盆、钵、餐勺、叉子、黄油刀、果酱匙、筷子	有韧性，纹理通顺。因为易于加工且不易留下切削痕迹，所以最适合用来制作木版。“虽然硬但是容易切削。棕眼细小且均匀，不容易残留食物残渣等。”也是适合制作餐具的木材

后记

陶瓷、金属、玻璃、塑料等材质制成的日用器物，平时并不会得到什么特别的关注。而木制器物却有着独特的存在感，被公认有很多其他材质所不具备的优点。比如，即使放入热的汤汁，热度也不易传递到手上；用嘴接触时的触感也很好；保留有雕凿痕迹的木制器物所特有的风情，能给人一种治愈感；基本上适合所有的食材和料理等。

为了写作本书，在各地进行寻访时，对于木制器物有了很多新的发现。

食物被盛放在木制器皿中时，它们会形成相互映衬的关系。如果要思考一下食物和器皿究竟谁是主角，在餐桌上来说，当然是食物占据了支配的地位。但是，正是由于有好的配角，才使主角得到了突显。而正是由于食物这个主角的存在，对它起到衬托作用的器皿也显得格外引人注目了。特别让人印象深刻的是匙屋的酒井敦先生制作的银杏木椭圆形大餐碟，随便盛放上烤鸡翅之后，餐碟所传达的表情瞬间发生了改变。

决定器物存在感的要素是，外侧和背面的形状。我觉得很多情况下，对于外观的印象会是由外侧的弧度和边缘的线条所决定的。在搜集“动手做做看”板块的素材时就强烈感受到，比起内侧部分的加工，必须更加在意外侧部分的加工。有时可能会觉得把内侧部分做好就可以放心了，其实并非如此。外侧部分的加工才是决定整体印象的关键。京都炭山朝仓木工的朝仓玲奈女士就说过“如果喜欢器物的背面，就会留下更难以忘怀的印象”这样的话，充分体现了器物背面的重要性。

如果从制作者的角度来看，就会产生木制器物有着高自由度的印象。特别是对于日常制作家具的人来说，不用在配合紧密的榫卯连接、椅子的强度等结构问题上花费太多的精力，从而产生一种开放感的印象。仅这一点，就会催生出独一无二的作品。户田直美女士的长方形托盘，只是对老旧的栎木材料做了简单的加工，就把材料的优点表现了出来。对于平时主要制作椅子和桌子的制作者来说，这可以说是一个卸掉压力后创作出成功作品的范例。

木材在干燥时会产生收缩和变形，对木材的这种自然特性予以保留而创作出的器物，无论看到过多少总会让人产生新鲜感。比如须田二郎先生的碗和山田真子女士的“HIGO”系列的漆器等。如果使用者是女性，一定会更喜欢能体现木材自然柔和的质感的作品吧。我觉得这也是最近的一种潮流趋势。

无论如何，器物是日常生活中不可或缺的东西。寻找或者自己制作赏心悦目的木制器物，把日复一日的生活变得更加丰富多彩吧！

最后，对在百忙之中仍大力协助我们寻访的各位木作职人，再一次致以诚挚的敬意。同时对负责摄影的各位摄影师、NILSON design studio 的诸位，以及提供了各种各样信息的各位，表示深深的感谢。

西川荣明

TEDUKURI SURU KINO UTSUWA by Takaaki Nishikawa
Copyright © Takaaki Nishikawa 2012
All rights reserved.
Original Japanese edition published by Seibundo Shinkosha Publishing Co., Ltd.
This Simplified Chinese language edition published by arrangement with
Seibundo Shinkosha Publishing Co., Ltd., Tokyo in care of Tuttle-Mori Agency, Inc., Tokyo
through Beijing GW Culture Communications Co., Ltd., Beijing

版权所有，翻印必究
备案号：豫著许可备字-2016-A-0317

图书在版编目（CIP）数据

日日木食器：31位木作职人和300件手感小物的好时光／（日）西川荣明编著；高梦昕译. —郑州：河南科学技术出版社，2018.6
ISBN 978-7-5349-9116-5

Ⅰ.①日… Ⅱ.①西… ②高… Ⅲ.①木制品-餐具-制作 Ⅳ.①TS972.23

中国版本图书馆CIP数据核字（2018）第026039号

出版发行：河南科学技术出版社
地址：郑州市经五路66号 邮编：450002
电话：（0371）65737028 65788633
网址：www.hnstp.cn
策划编辑：李迎辉
责任编辑：李迎辉
责任校对：王晓红
封面设计：张 伟
责任印制：张艳芳
印 刷：北京盛通印刷股份有限公司
经 销：全国新华书店
幅面尺寸：182 mm × 210 mm 印张：6.75 字数：290千字
版 次：2018年6月第1版 2018年6月第1次印刷
定 价：59.00元

如发现印、装质量问题，影响阅读，请与出版社联系并调换。